Anne Spoerry

Man nennt mich Mama Daktari

SUDAN
Kelem
Ileret
Sabarei
Lake Turkana
North Horr
Lodwar
Loyangalani
UGANDA
Marsa
Laisami
KENIA
Nanyuki
Nakuru
Mt. Kenya
5199
Naivasi
Nyeri
Lake Victoria
Longohot
2886
Nairobi
5895
Kilimanjaro
N.P.
TANSANIA
Masai
Steppe

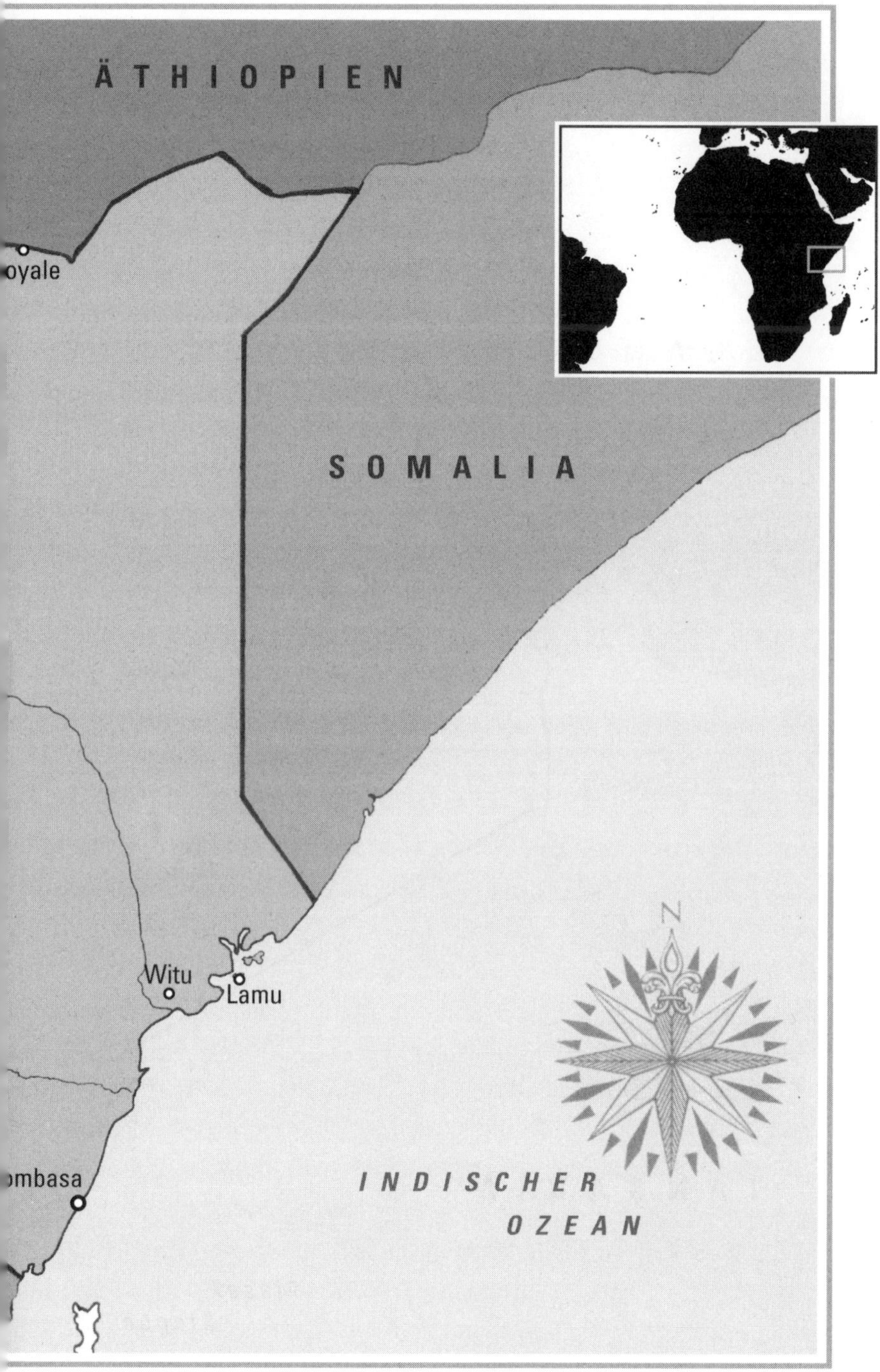

ÄTHIOPIEN
oyale
SOMALIA
Witu
Lamu
N
ombasa
INDISCHER
OZEAN

Anne Spoerry

Man nennt mich MAMA DAKTARI

Als fliegende Ärztin in Kenia

Aus dem Französischen von
Angelika Steiner

Quell

Titel der französischen Originalausgabe
»On m'appelle Mama Daktari«
von Anne Spoerry
erschienen 1994 bei Editions Jean-Claude Lattès, Paris

ISBN 3-7918-1976-3

Umschlaggestaltung: Barbara Hanke, Hamburg
Gesetzt aus der Sabon 11 pt.
Gesamtherstellung: Maisch & Queck, Gerlingen

Inhalt

KAPITEL I

Kamele auf dem Mond

»Alpha Zulu Tango an Wilson. Bitte um Freigabe der Rollbahn.«
»An Zulu Tango, Freigabe erteilt. Startbahn 14 bereit. Guten Morgen, Dr. Spoerry. Melden Sie sich vom Wartepunkt.«
Montagmorgen, zehn Uhr, auf dem Wilson Airport, einem kleinen Flugplatz am südlichen Stadtrand Nairobis. Wie alle fünf Wochen werde ich auch heute bald in Richtung Marsabit starten, einem Bezirk im Norden Kenias, an der Grenze zu Äthiopien. Mein Auftrag ist seit dreißig Jahren derselbe: »Medizinische Grundversorgung und Gesundheitsvorsorge in abgelegenen Krankenstationen«. So kurz und trocken hört sich das offizielle Programm an; die Wirklichkeit ist jedoch ein wenig komplizierter.
Seit 1964 arbeite ich als fliegende Ärztin für die AMREF, die »African Medical Research and Education Foundation«, eine durch internationale Spenden finanzierte private Organisation. Ich bin 1918 geboren, mein Flugzeug hat bald zwanzig Jahre auf dem Buckel, aber beide sind wir noch ganz gut in Schuß, meistens jedenfalls. Ein Flugzeug wird ja eigentlich nie alt; regelmäßig horchen es die Mechaniker ab, und seine lebenswichtigen Organe tauscht man in regelmäßigen Abständen aus, lange bevor es auch

nur zum geringsten Versagen kommen könnte. Bei der Pilotin ist das ein wenig anders, obwohl sie einmal im Jahr von einem Spezialisten ihren Gesundheitszustand kontrollieren läßt. Aber solange ich das begehrte Gesundheitszeugnis ausgestellt bekomme, solange werden Zulu Tango und ich weitermachen.

Die Büros der AMREF liegen am Rand des Fluggeländes. Im Funkraum, nur wenige Schritte davon entfernt, habe ich letzte Anweisungen erhalten, bevor ich mein Flugzeug besteige. Zu Beginn unserer Tätigkeit hatten wir bloß eine Wellblechhütte (sie ist zwar noch da, nun aber von modernen Gebäuden umgeben) und nur zwei Maschinen: jene von Michael Wood, dem Chirurgen und Gründer der AMREF, und meine; heute verfügen wir über acht Flugzeuge, darunter drei zweimotorige Maschinen; wir haben Berufspiloten, eine eigene Werkstatt und eine Mechanikercrew. Wir haben allerhand erreicht, und doch wissen wir sehr gut, wie wenig wir angesichts der immensen medizinischen Probleme in diesem so faszinierenden wie hoffnungslosen Kontinent ausrichten konnten.

Mein Flugzeug ist eine einmotorige Piper Cherokee Lance PA-32 mit immerhin sechs Zylindern, 300 PS und einziehbarem Fahrgestell. Eine starke, schnelle Maschine, die ich mir nicht als Luxusobjekt ausgesucht habe, sondern eben ihrer Leistung wegen. In Kenia ist ein kräftiger Motor lebenswichtig, denn hier muß man auch mit einem kleinen Flugzeug oft in große Höhen aufsteigen. Nairobi selbst liegt schon auf 1600 Metern, und wenn es über die Bergkämme geht, ist man bald über 4000 Meter hoch. Wir sind immer voll beladen: mit Benzin für die langen

Strecken, auf denen wir nicht auftanken können, oft auch mit mehreren Personen, Ärzten, Schwestern, Patienten und manchmal Journalisten. Dazu kommen Medikamentenkoffer, Ersatzfunkgeräte und Gemüse aus dem Garten meiner kleinen Farm im Rift Valley, wo ich die Zeit zwischen meinen medizinischen Safaris verbringe. Dem Personal der Krankenstationen in der Wüste fehlt es an fast allem, weshalb sie meine vitaminreichen Mitbringsel sehr zu schätzen wissen.

Wichtig bei der Wahl eines Flugzeugs ist auch, daß man rasch abheben kann, denn die Gras- oder Erdpisten sind meist höchstens fünfhundert oder sechshundert Meter lang. Und schließlich macht es ein schnelles Flugzeug möglich, daß man mehrere Orte an einem Tag anfliegen kann, und so nahe am Äquator sind die Tage kurz. Bei einem Rettungsflug ist Schnelligkeit viel wert.

Meine Cherokee ist unter dem Namen AZT gemeldet (Alpha Zulu Tango nach dem internationalen Buchstabieralphabet), was meine Besucher amüsiert, obwohl die Sache eigentlich nicht besonders komisch ist: AZT ist nämlich die Kurzbezeichnung eines Medikaments gegen AIDS. Das ist natürlich reiner Zufall, die Krankheit ist ja noch keine zwanzig Jahre bekannt, aber manche Leute wollen eben in allem ein Zeichen sehen.

»Zulu Tango in Warteposition. Bereit zum Start von Bahn 14.«

»An Zulu Tango, Start freigegeben, Wind aus 120 Grad, zwölf Knoten.«

Mit Vollgas rast die Cherokee los. Sobald das Tachometer achtzig zeigt, stelle ich den Hebel für die Landeklappen rasch auf zwanzig Grad, und mit einem Satz ist das Flugzeug in der Luft. Das ist die alte Buschpilotentechnik, die ich immer anwende, auch wenn genügend Platz vorhanden ist, denn ein Flieger muß die immergleichen Handgriffe wie im Schlaf ausführen. Einmal habe ich den niederländischen Thronfolger geflogen, der selbst Pilot ist; er gestand mir später seine Verblüffung über diese Methode, die ihm in seiner Ausbildung nie untergekommen war.

Ich habe erst spät mit dem Fliegen begonnen, mit fünfundvierzig. All die verlorene Zeit will ich aufholen, obwohl ich schon an die achttausend Stunden am Steuer meines Flugzeugs verbracht haben mag. Aber das sind zusammen ja nicht mehr als 333 Tage.

Das Fahrgestell ist noch kaum eingezogen, da schwebe ich schon über dem Nationalpark von Nairobi, der direkt hinter dem Wilson Airport beginnt. Eine grenzenlose Weite dehnt sich unter mir, und vor dem Hintergrund der Wolkenkratzer der Hauptstadt kann man hier fast die gesamte Tierwelt Afrikas beobachten. Antilopenherden tummeln sich neben Giraffen, ein Zug Paviane kreuzt den Weg von Straußen, eine Löwenfamilie döst am Wegrand. In der Nähe der Flugpisten sehe ich oft ein Nashorn, dem die Starts und Landungen anscheinend besonders gut gefallen. Oft nehme ich Freunde, die von ihren Touristensafaris durch Amboseli oder Masai Mara enttäuscht zurückkommen, am Ende ihres Aufenthalts hierher mit, und dann können sie getröstet nach Hause fahren, haben sie doch endlich Tiere gesehen, die ihnen während ihrer ganzen Rundreise verborgen geblieben sind.

Eine weite Kurve nach rechts, Kurs nach Norden; ich verlasse den Frequenzbereich des Wilson Airport und teile der AMREF-Funkerin mit, daß ich gut weggekommen bin und mich vom Zielort wieder melden werde. Links ziehen die Ngongberge vorbei, die Karen Blixen so lieb waren und auf deren Gipfel ihr Freund Denys Finch-Hatton begraben liegt, der wie ich den Blick auf Afrika aus dem Flugzeug so sehr liebte.

Die wunderschönen Landschaften, die man aus dem Film »Jenseits von Afrika« kennt, sehe ich jeden Tag, und ich bekomme nie genug davon. Sie sind auch immer wieder anders, je nach Jahreszeit und je nachdem, ob es ein trokkenes oder regenreiches Jahr ist. Die Seen trocknen aus oder treten über die Ufer, der Wüstenboden wird grün oder rissig, Flüsse schwellen an, andere versickern im Sand. Nördlich von Nairobi erstreckt sich eine Hochebene, die im Westen von den Aberdarebergen und im Osten vom Mount Kenya begrenzt wird; beide Bergmassive sind dicht bewaldet. Diese fruchtbarste Gegend des Landes speist wie ein Wasserreservoir zahlreiche Flüsse, die sich in den Wüstengebieten dann sehr schnell verlieren.

Ich fliege links an Nyeri vorbei, dem Zentrum des Kikuju-Gebiets. Als die Engländer zu Anfang des Jahrhunderts diese üppigen Böden entdeckten, die sie so sehr an ihre Heimat erinnerten, da verliebten sie sich in Kenia; hier kam aber auch, in den fünfziger Jahren, der Anfang vom Ende ihrer Herrschaft. Daran erinnert ein Denkmal in Nyeri, das zur Erinnerung an die Toten des Unabhängigkeitskampfes und des Mau-Mau-Aufstands gegen die britischen Siedler in den »White Highlands« errichtet wurde. Als ehemalige Pfadfinderin muß ich auch oft an Lord Baden Powell denken, den Begründer der Pfadfinderbewegung, der in ebendiesem Nyeri begraben liegt, wo er die letzten Jahre seines Lebens bis zu seinem Tod im Januar 1941 verbrachte.

Das Gelände unter mir liegt bereits in 2000 Meter Seehöhe; vom Flugzeug aus kann ich deutlich das Schachbrettmuster der Sisal-, Ananas- und Kaffeeplantagen erkennen, die vielen Farbschattierungen vom Dunkel der Wälder bis hin zum zarten Grün der Teeplantagen, dazwischen die Dörfer mit ihren Rundhütten. Zu meiner Rechten wird bald der 5200 Meter hohe Mount Kenya auftauchen – oder, besser gesagt, die Wolken, die ihn beinahe ständig verhüllen. Oft muß man dicht über die Zedernwälder hinwegfliegen, um nicht in diese Wolkenbänke zu geraten. Hier ist der Punkt, wo man den Äquator überquert; es erstaunt jedesmal wieder, in diesen Breiten ein Panorama vor Augen zu haben, das so sehr an die Alpen erinnert.

Manchmal sind die Wolken zu dicht; dann heißt es umkehren und eine andere Route einschlagen. Kenias stark zerklüftetes Landschaftsrelief hat zur Folge, daß es auf verhältnismäßig geringen Distanzen völlig unterschiedliche Klimabedingungen geben kann; ein kleiner Umweg, ein anderes Tal, und alles verändert sich. Ideale Bedingungen fürs Fliegen, denn es kommt kaum vor, daß man nicht durchkommt: irgendein Weg führt immer zum Ziel – ganz anders als in Europa, wo ein ganzes Land wochenlang unpassierbar sein kann, jedenfalls für jemanden, der wie ich bloß auf Sicht fliegt, ohne jede Möglichkeit, sich nach Instrumenten zu orientieren.

Alles verändert sich rasend schnell auf meiner Strecke. Ich bin kaum eine Stunde geflogen, als das Bergland rasch abfällt, und wenig später sind die Wälder Erinnerung; im Westen kann man gerade noch die dunkle Masse der Matthews Range erkennen. Die kahlen Hügel weichen ebenem, mit Dornbüschen bewachsenem Gelände.

Kurz hinter Isiolo führt ein Bach bräunliches Wasser. Das ist der Ewaso Ngiro, der letzte Fluß vor dem Wüstengebiet, der nie versickert. Seine Ufer sind ein Refugium für Pflanzen und wilde Tiere, die letzte Zuflucht für Zebras, Giraffen und Elefanten, das letzte Moorbad für Krokodile und Flußpferde, bevor die Trockenheit der weiten Einöde beginnt, dort, wo Rinder Sand zu fressen und Kamele durch eine bizarre Mondlandschaft zu staksen scheinen.

Unten liegt die Straße nach Marsabit, eine kaum sichtbare, schnurgerade Linie. Man muß ihr aufmerksam folgen, denn sie ist in dieser monotonen Weite die einzige Orientierungsmöglichkeit, sieht man von zwei Felsen ab, einem großen und einem kleinen, genannt »die Katze und die Maus«. Wir haben das andere Kenia erreicht, das Kenia der großen Savannen und der nördlichen Wüsten – eine Welt, von der die Touristen kaum etwas ahnen. Über Hunderte von Kilometern treiben hier stolze Nomadenstämme ihre Rinder-, Schaf- und Dromedarherden zu immer neuen Weideflächen, ständig auf der Suche nach ein paar Grasbüscheln und einer Wasserstelle. Wenige Dörfer gibt es hier, einige Pfade, die sich bald verlieren, manchmal einen kleinen Vulkankrater. Hin und wieder versammeln sich ein paar Tiere um ausgetrocknete Flußbetten, an

deren Rand noch Pflanzen wachsen und in denen sich vereinzelt Wasserlöcher gebildet haben.
Unter der britischen Kolonialherrschaft und dann noch bis 1970 hieß dieses Gebiet NFD, Northern Frontier District. Der Zugang zu diesem Territorium war streng reglementiert: Das benachbarte Somalia erhob Anspruch auf das Gebiet und unterstützte die dort operierenden Guerillakämpfer.
Nach der Erklärung von Arusha 1967 kehrte für zwanzig Jahre relative Ruhe ein, bis zum Sturz des somalischen Präsidenten Siad Barre. Dann fing alles von vorne an; vor dem Bürgerkrieg in Somalia geflüchtete bewaffnete Deserteure schlossen sich zu Räuberbanden zusammen, sogenannten *Shiftas*, die Streifzüge in den Nordosten Kenias unternehmen, Herden plündern und Busse und Lastwagen überfallen, die sich auf die Straßen zwischen Garissa und Wajir und nach Marsabit wagen. Diese Unsicherheit ist eine zusätzliche Belastung für Kenia, dem ohnehin bereits Flüchtlinge aus den krisengeschüttelten Nachbarländern Probleme bereiten.
Ob es nun in der nördlichen Wüstenzone gerade Ärger gibt oder nicht, es ist auf jeden Fall immer ein Abenteuer, sich auf vier Rädern auf die fürchterliche Rumpelpiste zu wagen. Hier zeigt sich die haushohe Überlegenheit des Flugzeugs für unsere Arbeit. Es hätte mich Stunden und Tage beschwerlicher Fahrt und dazu einige Autopannen gekostet, dort anzukommen, wo ich jetzt nach einer Stunde und fünfundzwanzig Minuten Flugzeit landen werde: in Laisamis, meiner ersten Zwischenstation.

In geringer Höhe überfliege ich die von Hütten umgebenen Missionsgebäude und drossele dabei mehrmals geräuschvoll den Motor: Auf diese Weise melde ich meine Ankunft und alarmiere die Hirten, damit sie die Tiere von der Piste treiben. Anschließend kehre ich um und vergewissere mich im Tiefflug, daß alles frei ist, bevor ich in einer Staubwolke aufsetze. Ein Landrover mit einem Priester am Steuer nähert sich. Wie viele der Missionsstationen im Norden wird Laisamis von einem italienischen katholischen Orden, den Consolata-Missionaren, geführt.
Der Pater scheint ausgezeichneter Laune zu sein:
»Gute Nachrichten, Dr. Spoerry. Die Straße ist ausgebessert, und ich habe jetzt zwei Windgeneratoren, einen für die Kirche und einen für das Krankenhaus.«
An einem so entlegenen Ort ist man schon mit kleinen Dingen zufrieden. 350 Kilometer entfernt regen sich die Leute in den Staus von Nairobi auf, weil sie befürchten, zu spät in ihre klimatisierten Büros zu kommen.
Das Krankenhaus von Laisamis ist ein niedriges Gebäude mit rötlichgelben Mauern und einem Blechdach. Es besitzt 45 Betten, einen einfachen Operationssaal und einen Entbindungsraum. Alles ist sauber und trotz der armseligen Ausstattung sogar recht adrett. Die Kranken liegen auf Eisenbetten in drei getrennten Räumen: Männer, Frauen und Schwangere. Man war sogar so feinfühlig, entsprechend der Stammestradition für die Männer rote Lendenschurze und für die Frauen rote Kleider zur Verfügung zu stellen. Hier ist das Land der Samburu, eines Nilotenvolkes, das eng mit den Massai verwandt ist und mit ihnen wesentliche Elemente von Sprache und Brauchtum ge-

meinsam hat. Samburu, die es nach Laisamis verschlagen hat, sind vom Schicksal nicht gerade begünstigt: Der größte Teil ihres Territoriums liegt weiter im Südwesten, in fruchtbareren Gebieten rund um Maralal, wo die Regierung versucht, sie seßhaft zu machen, indem sie ihnen Arbeit auf den Plantagen gibt. Keine leichte Aufgabe bei Menschen, die seit Jahrhunderten von der Aufzucht von Rindern leben, deren Milch und Blut sie verzehren, deren Fleisch sie aber, außer bei rituellen Zeremonien, nicht essen. Ihren täglichen Speiseplan bereichern sie mit Ziegen- und Schaffleisch und mit Suppen aus Wurzeln oder Rinde. Die Samburu sind weniger reserviert als die Massai und unterhalten gute Beziehungen zu ihren Nachbarvölkern, aber die Behörden haben Mühe, ihnen ihre alten Bräuche abzugewöhnen. Bedenklich ist vor allem ihre Angewohnheit, alljährlich die Savanne abzubrennen, damit zartes, grünes Gras nachwächst. Dadurch werden häufig Waldbrände ausgelöst, und die kann ein Land, das gegen das Verschwinden seiner Wälder ankämpft, nicht gebrauchen.

Es sind wunderschöne Menschen, hochgewachsen, mit fein gezeichneten Gesichtern und wundervollen Augen mit unwahrscheinlich langen Wimpern. Da sie sich sehr würdevoll geben und kaum klagen, kann man ihr Leid und ihren Schmerz nur am Ausdruck ihrer Augen erahnen.

In der Mittagshitze kommt ein schwacher Lufthauch durch die mit Moskitogittern versehenen, unverglasten Fenster. Der Arzt, Dr. James, ist ein Zulu, der seit dreißig Jahren in Kenia lebt. Er stellt mir die Patienten vor, die ihm besondere Probleme bereiten. Ich untersuche einen

stark abgemagerten jungen Mann, dessen Haut von bläulichen Flecken übersät ist.
»Das könnte wohl ein Fall von AIDS sein«, sagt Dr. James vorsichtig.
Das könnte es tatsächlich. Es ist also soweit. In den großen Städten sind wir inzwischen daran gewöhnt – dort, wo es Zuwanderer gibt, Lastwagenfahrer, Soldaten und Prostituierte, den ewigen Teufelskreis aus Ansteckung und Krankheit. Jetzt hat das Übel die abgelegensten Dörfer erreicht.
»Nehmen Sie ihm Blut ab. Ich bringe die Probe nach Nairobi.«
Die Buschkrankenhäuser sind nicht für HIV-Tests ausgestattet. Wie sollen sie sich erst den teuren Impfstoff beschaffen, sollte es ihn eines Tages geben?
»Ich habe einen Tuberkulosefall«, fährt Dr. James fort, »der nicht auf Antibiotika anspricht. Er ist seit Wochen in Behandlung.«
Der Patient muß zur intensiveren Behandlung in ein größeres Zentrum verlegt werden. Dann klagt eine Frau über ihren geschwollenen Bauch, zweifellos eine Echinokokkose – eine schwere, durch den Hundebandwurm hervorgerufene Erkrankung. Ich rate Dr. James, die Patientin daraufhin zu untersuchen, während uns ein kränkliches kleines Mädchen apathisch aus großen Augen betrachtet.
Nach Beendigung der Visite ist das Funkgerät an der Reihe. Ich habe einen Ersatzsender mitgebracht, weil der Sender von Laisamis defekt ist. Manchmal bezeichne ich mich scherzhaft als Ärztin-Elektrikerin-Briefträgerin-Mechanikerin, aber es ist eben nicht nur Scherz: die medi-

zinische Betreuung nimmt auf meinen Reisen bei weitem nicht die gesamte Zeit in Anspruch. Wichtig ist es vor allem, die Funkgeräte instand zu halten. Der Aufbau eines funktionierenden Kommunikationsnetzes war von Anfang an ein Anliegen der AMREF, und heute besitzen wir 145 Funkstationen in Kenia und den Nachbarländern Somalia, Sudan, Tansania und Uganda. Sie sind lebenswichtig für das Funktionieren der Organisation, sind doch die abgelegenen Krankenstationen in den Wüstengebieten per Auto immer noch sehr schwer zu erreichen. Sicher hat der Verkehr zugenommen, doch der Zustand der Straßen hat sich praktisch nicht verbessert. Die Entfernungen sind groß, die Fahrt ist teuer, und es gibt nur wenige Möglichkeiten zu tanken. Abgesehen vom Flugzeug ist das Funkgerät daher das einzige Mittel, die Isolation der Krankenhäuser zu durchbrechen. In ständigem Kontakt mit unserer Mannschaft in Nairobi kann das Personal Informationen austauschen, um Ferndiagnosen bitten, Medikamente oder einen Rettungsflug anfordern. Vom Zustand dieses empfindlichen »Patienten« hängt die Gesundheit aller anderen ab.

Das hastig eingenommene Frühstück bietet Gelegenheit für eine Unterredung mit dem Krankenhauspersonal. Alle sprechen Englisch mit einer amüsanten Vielfalt von Akzenten: Dr. James kommt aus Südafrika, Hildegard, die Leiterin, ist Deutsche, die Krankenschwester eine italienische Nonne. Sie ist jung und fröhlich und hänselt mich gern, wie arm dran das Spital doch sei; da ich für die Finanzen der AMREF verantwortlich bin, kommt das Thema Geld früher oder später immer aufs Tapet. Die

Missionsstationen leben von Spenden und haben die größten Probleme, finanziell über die Runden zu kommen, aber die haben wir schließlich auch, nur in einer anderen Größenordnung. Also bin ich unnachgiebig. Gut organisierte Wohltätigkeit beginnt bei den geordneten Finanzen. Wir wollen ja ohnehin bloß für Medikamente, Impfstoffe und medizinisches Material bezahlt werden, das wir ihnen liefern; meine Arbeit ist gratis, ebenso das Benzin für das Flugzeug.

Diese Diskussionen verlaufen aber nicht besonders erbittert, und ich habe ohnehin den Verdacht, daß es den guten Schwestern Spaß macht, wenn ich den strengen Ton anschlagen muß, den ich mir in dreißig Jahren Afrika zugelegt habe, um Dinge und Menschen in Bewegung zu bringen. Eine schwierige Aufgabe für eine Frau, auch für eine Ärztin.

Es ist bereits fünfzehn Uhr, als mein Start von Laisamis Hunderte Esel und Schafe aufscheucht und entsetzt davongaloppieren läßt. Die zweite Etappe bis Marsabit ist ein Katzensprung, in zwanzig Minuten achtzig Kilometer über die Kaisut-Wüste. Die letzten ringförmigen Dorneneinfriedungen um die *Manyattas*, wie man die Samburudörfer nennt, weichen den aufgebrochenen Kegeln alter Krater. Die Einförmigkeit der Steinwüste wird nur von Basaltzungen unterbrochen. Es mag ein Klischee sein, aber der Begriff Mondlandschaft geht einem immer wieder durch den Kopf, wenn man diese Gegend beschreiben will.

Dennoch leben hier Menschen: Rendille, die aus Somalia

stammen und sich in jeder Hinsicht von den Samburu unterscheiden. Jene bauen Hütten aus Flechtwerk und getrocknetem Lehm und verlassen sie, wenn es an der Zeit ist, weiterzuziehen; die Rendille hingegen transportieren ihre Zelte aus geflochtenen Pflanzenfasern und Häuten samt Holzgerüsten auf dem Rücken von Kamelen. Jedes der Tiere kann pro Tag achtzig Kilogramm sechzig Kilometer weit tragen. Das Kamel ist nicht nur Transportmittel, sondern auch Nahrungsquelle; es liefert Milch und Blut, das den Tieren durch einen Schnitt in die Halsschlagvene abgenommen wird.

Marsabit – Wunder oder Fata Morgana? Am Rande der menschenfeindlichen Kaisut-Wüste taucht eine Oase auf: ein hoch aufragender Vulkan, an dessen Hängen sich die Wolken brechen. An den steilen Bergflanken wachsen alle Spielarten der afrikanischen Flora. Dichte Wälder umschließen grünliche Kraterseen, die sogenannten *Gofs*. Der größte dieser *Gofs* wird der Paradiessee genannt; früher habe ich dort gebadet, aber ich hüte mich davor, seit eine Freundin sich dabei eine schwere Bilharziose zugezogen hat. Die Krankheit wird von den Pavianen übertragen, die sich oft an diesen Seen aufhalten.

Die häufigen Regenfälle und eine üppige Vegetation haben dem Reservat Marsabit einen reichen Wildtierbestand beschert und es zu einem Paradies für Zoologen gemacht. Um 1900 gegründet, ist es heute der älteste Nationalpark Kenias. Seine »Insellage« inmitten der Wüste erleichtert die Überwachung und hält die Wilderer ab. So konnte hier der berühmte Ahmed, ein riesiger, uralter Elefant, ein schönes Leben führen. Seine gewaltigen Stoßzähne, jeder etwa siebzig Kilo schwer, müssen damals, als die Elfenbeinjäger ihre Massaker begannen, große Gier erweckt haben. Auf Betreiben eines meiner Freunde, des Filmemachers Christian Zuber, wurde eine Kampagne zum Schutz Ahmeds ins Leben gerufen; aus aller Welt langten Tausende Bittschreiben bei Präsident Kenyatta ein, der schließlich beschloß, den Elefanten als Nationaldenkmal unter entsprechenden Schutz zu stellen. Ahmed starb 1974 eines natürlichen Todes, im Bett sozusagen, und heute sind sein Skelett und eine Kunststoffnachbildung seines Körpers die große Attraktion im Museum von Nairobi. Und im Wald von Marsabit hat Ahmed Nachfolger gefunden, die von bewaffneten Rangern Tag und Nacht auf Schritt und Tritt bewacht werden.

Hin und wieder habe ich mir in einer »Lodge«, einem Hotel im Nationalpark, ein paar schöne Tage gemacht. Von meinem Zimmer aus konnte ich im dichten Nebel Kudus sehen – große, gestreifte Antilopen mit spiralförmigen Hörnern –, die bei Anbruch der Dämmerung zum Trinken kamen. Während der Trockenzeit näherten sich Löwen, in der Regenzeit Paviane und Büffel. Ich erinnere mich auch noch an die tiefen Brunnen, aus denen sich die Menschen, auf verschiedenen Absätzen des Schachtes postiert, unter Chorgesängen die Wassereimer heraufreichten. Von dieser Sitte rührt die Bezeichnung »singende Brunnen« für solche Wasserstellen her.

In Marsabit dominiert keine ethnische Gruppe; wenn eine schlimme Dürreperiode droht, suchen alle Stämme des Nordens hier Zuflucht. Dann vergessen sie ihre Streitigkeiten und wahren den »Wasserfrieden«; es entsteht eine Art offene Stadt, eine neutrale Zone. Turkana und Somal verkaufen Waren, Samburu und Boran bestellen die Berghänge, Rendille und Gabbra bieten ihr Vieh auf den Märkten feil. Das Gesetz der Not läßt hier die Stammesschranken fallen. Dieses ungewöhnliche, erstaunliche Beispiel gibt denen Hoffnung, die sich über die Zukunft Kenias und einen Zusammenschluß der Stammesgemeinschaften Gedanken machen.

Ich setze zum Anflug auf die Stadt an. Zu meiner Rechten wird der Himmel schon ganz schwarz: Aus Osten droht ein schwerer Sturm. Wenn es in Marsabit gerade nicht regnet, dann steht doch meist Regen bevor. An einem solchen Ort muß man vorsichtig landen. Vor einigen Jahren ist hier ein Postflugzeug an einem Hang zerschellt: Dem Piloten war gesagt worden, er solle sehr niedrig unter der Wolkendecke fliegen und einer Straße folgen, um direkt zum Landeplatz zu gelangen. Das tat er auch – aber es war nicht die richtige Straße.

Sobald eine bewegte Luftmasse auf ein Gebirgsrelief trifft, kommt es zum unangenehmen Phänomen des Steigungsregens: Mit zunehmender Höhe kondensiert die Luftfeuchtigkeit plötzlich zu Regentropfen. Das darf man als Pilot auch am Äquator nicht vergessen. Zum Glück hat der Flughafen von Marsabit eine Asphaltpiste, die nicht so leicht überschwemmt wird; dort kann man zwischen zwei Regengüssen in aller Eile landen. Ich bin kaum fünf Minuten am Boden, als auch schon die Sintflut hereinbricht. Eine gute Stunde lang muß ich im Schutz der Flugzeugkabine ausharren, während die Leute vom Krankenhaus, die gekommen sind, um ihre Medikamentenkoffer abzuholen, unterdessen im Auto bleiben. Normalerweise besuche ich das Krankenhaus von Marsabit nicht; es untersteht der Regierung und hat sein eigenes medizinisches Personal; wir schalten uns nur bei größeren Operationen oder Nottransporten ein. Heute ist das nicht nötig; um so besser.

Während die letzten Tropfen fallen, nähert sich ein mit Benzinkanistern beladener Polizei-Jeep. Das Flugzeug muß aufgetankt und mit zusätzlichen Reservekanistern beladen werden, denn dort, wo ich jetzt hinfliege, gibt es keinen Sprit. Das Auffüllen überwache ich lieber persönlich, denn wenn nur wenige Tropfen Wasser in den Tank geraten, bekommt man garantiert Probleme über dem freien Feld – einem wirklich sehr, sehr freien Feld. Um die jungen, ungeschickten Soldaten nicht nervös zu machen, zügle ich meine Ungeduld, aber ich werde schon langsam unruhig: In weniger als zwei Stunden ist es Nacht, und ich muß heute noch Sololo an der äthiopischen Grenze erreichen.

Es ist schon siebzehn Uhr, als ich endlich starten kann. Nach einem vierzigminütigen Flug über die Wüste, wo die schwachen Schatten der Sträucher bereits immer länger werden, lande ich in Sololo. Die gut gepflegte Graspiste ist ein großer Luxus für das ganz verloren am Fuß der ersten Berge Äthiopiens liegende Dorf; sie ist der Polizei zu verdanken, die hier einen Stützpunkt zur Überwachung der Grenze und zur Bekämpfung des Viehdiebstahls unterhält – ein beliebter Zeitvertreib in dieser Region, die von den Boran, einem Hirten- und Bauernvolk, bewohnt wird.

Es ist bereits dunkel, als das Empfangskomitee, lauter junge Burschen, mein Flugzeug umringt. Nicht ihrer Gesundheit zuliebe sind sie so pünktlich, sondern wegen der Zeitungen, die ich ihnen regelmäßig mitbringe. Sie lesen Englisch und sind ganz begierig auf die Neuigkeiten aus aller Welt, selbst wenn sie schon einige Wochen alt sind.

Im Krankenhaus der katholischen Mission werde ich von einigen jungen italienischen Ärzten begrüßt. Silvio ist Orthopäde und hat hier vor zwei Jahren als Mitarbeiter der Station seinen Militärdienst abgeleistet. Da ihm das Abenteuer so gut gefiel, ist er mit seiner Frau Teresa, einer Diabetologin, und ihrem kleinen Sohn zurückgekommen.

Beim Abendessen, bei dem wir uns auch am von mir mitgebrachten Gemüse und Wein delektieren – ein langentbehrter Luxus für die Bewohner der Station –, schildert mir Silvio seine Probleme. Sein Krankenhaus mit hundert Betten hat zwar einen Operationssaal, aber er hätte gern öfter einen Anästhesisten und einen Spezialisten für rekonstruktive plastische Chirurgie.

Er hat es nicht einfach in dieser Region; das Leben der Boran ist kein Zuckerschlecken. Die Strauchdiebe aus Äthiopien geben sich nicht damit zufrieden, über das Vieh herzufallen, sondern sie lassen auch häufig Menschen mit Schußverletzungen zurück – oder kastrierte Jungen. Das staatliche Krankenhaus in der Nachbarstadt Moyale funktioniert fast überhaupt nicht mehr, also kommen alle, einschließlich der äthiopischen Flüchtlinge, nach Sololo.

Vor kurzem sind überdies vierzig Kinder an den Masern gestorben, und seither drängen die Mütter darauf, daß ihre Kleinen geimpft werden. Ich habe Silvio eine große Ladung Serum mitgebracht.

Als ich mich am nächsten Morgen im Krankenhaus einfinde, treten eben aus der Dämmerung die hohen Hügel hervor: ein herrliches Panorama. Silvio stellt mir einige Kinder vor, die an einer Art Tuberkulose der Wirbelsäule leiden; dabei wird das Rückenmark gequetscht, was die Kranken bewegungsunfähig macht. Diese kleinen Geschöpfe, steif wie Schneiderpuppen, bieten einen mitleiderregenden Anblick. Die Behandlung mit Antibiotika zeigt zwar Erfolg, aber sie muß frühzeitig begonnen werden, und oft ist ein chirurgischer Eingriff nötig, eine Drainage. Die Krankheit wird verschwinden, wenn wir es geschafft haben, alle Kinder mit BCG zu impfen. Aber wann wird das sein? Dann, wenn die praktische Anschauung endlich alle Mütter überzeugt haben wird und wenn sie den Weg durch die Wüste zu den Krankenstationen auf sich nehmen. Silvio wird es vielleicht noch erleben.

»Sehen Sie sich all diese Kinder mit Brandverletzungen an. Ich sag's Ihnen noch mal, Anne, wir brauchen plastische Chirurgie.«

Natürlich hat er recht. Die Kinder schlafen dicht neben dem Feuer, neben den Kochtöpfen mit der brodelnden Suppe. Täglich sehe ich verschrumpelte kleine Gliedmaßen, zerstörte Gesichter. Es ist eine so weit verbreitete Tragödie, daß wir unter anderem ihr die Existenz der AMREF zu verdanken haben, waren es doch Spezialisten für plastische und rekonstruktive Chirurgie, die sie gegründet haben. Vor fünfunddreißig Jahren haben sie ihr Kapital, ihr Wissen und ihren Ruf eingesetzt, um solche kleinen Knirpse wieder zusammenzuflicken und ihnen zu einem erträglichen Aussehen zu verhelfen.

»Und hier, sieht das nicht nach AIDS aus?«

Silvio zeigt mir einen ausgemergelten Jugendlichen mit dem Körper einer kränklichen Gazelle. Noch eine Blutprobe, die nach Nairobi geht.

»Wir müssen die Möglichkeit bekommen, hier HIV-Tests durchzuführen, Anne. Über Nairobi dauert das zu lange.«

Silvios und Teresas Enthusiasmus gibt mir die Hoffnung, daß die Nachfolge gesichert ist. Ich glaube nicht, daß ihre Energie im Sand versickern oder ihr Einsatzwille in der Sonne schmelzen wird. Sie werden sich nicht im Lauf der Jahre von Hoffnungslosigkeit und Enttäuschung besiegen lassen, wie ich es in Afrika schon so oft erlebt habe.

Besucher, die ich zum erstenmal in die Wüstengebiete im Norden mitnehme, sind überrascht, dort Missionsstationen vorzufinden, da sie darin ein Überbleibsel aus der Kolonialzeit sehen, als Missionare versuchten, die Eingeborenen zu evangelisieren und in den Schoß der Kirche »heimzuführen«. Aber genau das Gegenteil ist der Fall: Diese Missionsstationen sind erst vor kurzem entstanden; ich selbst habe ihre Geburt nach der Unabhängigkeitserklärung von 1963 miterlebt. Die britischen Kolonialherren waren eher dagegen, daß missioniert wurde, sollten doch ihrer Ansicht nach die eingeborenen Völker ihre Kultur bewahren und nicht durch die Sitten und den Glauben Europas »verdorben« werden. Man erinnere sich nur an das

Geschrei, das Karen Blixen auslöste, als sie es sich in den Kopf setzte, die kleinen Kikuju auf ihrer Farm zu erziehen: »Sie wollen wohl kleine Engländer aus ihnen machen?«
Diese Doktrin hatte natürlich ihren guten Grund: Je weniger die *natives* Bescheid wußten, desto leichter konnten die Weißen ihre Oberherrschaft aufrechterhalten.
Als die Engländer fort waren, trat Bischof Cavalero auf den Plan, ein rüstiger, stämmiger und unermüdlicher Römer, der bereits die Sechzig überschritten hatte. Die Italiener haben eine besondere Vorliebe für diese Region Ostafrikas, in der sie einst Äthiopien und einen Teil Somalias kolonisierten. Cavalero wollte überall präsent sein und bedrängte Kommissare und Bezirksräte, bis er schließlich bei Kenyatta die Abschaffung der alten Beschränkungen aus der Kolonialzeit erreichen und seinen Traum verwirklichen konnte, den christlichen Glauben zu verbreiten.
Sololo ist ein gutes Beispiel für seine Methode. Er ging zu den Oberen des Ortes, die – ein pikantes Detail – größtenteils Moslems waren.
»Ihr wollt einen Arzt und ein Krankenhaus? Ja, ich kann euch eines bauen. Aber wir benötigen Krankenschwestern, und das werden dann Ordensschwestern sein. Wenn sie sich hier niederlassen, brauchen sie einen Priester, der ihnen die Messe liest. Also bauen wir eine Kirche, eine Mission und dann das Krankenhaus.«
1966 begann Cavalero mit seinen Arbeiten. Man sah den Bischof höchstpersönlich sich in der zementbespritzten Latzhose abrackern. Er baute das Haus für die Patres, die Kirche, das Haus für die Schwestern und endlich auch das Krankenhaus, das 1968 fertig wurde, groß, schön, makel-

los. 1969 stand es immer noch leer, ohne Arzt und ohne Patienten.

Wir sind uns einmal bei einem Treffen von nichtstaatlichen Organisationen des Bezirks mit Regierungsvertretern begegnet, bei dem der medizinische Fortschritt in der Region beurteilt werden sollte. Man fragte Cavalero, ob sein Krankenhaus gut funktioniere. Er bejahte und sah mir dabei direkt in die Augen, als wolle er sagen: »So, und jetzt behaupte, ich sei ein Lügner.«

»Sind Sie sicher?« fragte ich ironisch, und man wechselte diplomatisch das Thema.

Ich wußte genau, daß das Krankenhaus sein geringstes Anliegen war, eine simple Ausrede für seine missionarischen Aktivitäten. Auch heute noch kommen die Mittel für die Krankenstation in Sololo nicht von der Kirche: Die Patienten zahlen einen kleinen Beitrag, die Schwestern sind Nonnen, die von ihrem Orden entsandt wurden, und die Ärzte werden von einer privaten Organisation gestellt, dem »Comitato Collaborazione Medico« in Turin.

Nun galt es natürlich auch die riesige Kirche zu füllen – mitten unter Moslems und Animisten keine leichte Aufgabe. Dafür war Pater Davoli, ein kräftiger Bauer aus dem Piemont, zuständig. Er ließ sich gebrauchte Kleidung schicken, kaufte Werkzeuge, Äxte und Hacken und verteilte all diese Geschenke nach der Messe, in der Hoffnung, die Menschen dadurch anzulocken. Man sah ganze Händlerfamilien zum Gottesdienst eilen, und bereits am nächsten Tag standen die schönen Geschenke Pater Davolis in den Läden des Ortes zum Verkauf.

Eine halbe Stunde, nachdem ich von Sololo abgehoben habe, bin ich in Dukana, nach einem Flug Richtung Westen entlang der mit großen weißen Steinen gekennzeichneten Grenze. Um in direkter Linie fliegen zu können, habe ich äthiopisches Gebiet überquert. Braune Hügel, kein Lebenszeichen. Der Grenzübertritt war illegal, aber wen hätte ich um Erlaubnis fragen sollen? Da unten ist weit und breit keine Menschenseele.

Am Stadtrand von Dukana kann ich bereits die *Manyattas*, kreisförmig angeordnete Hüttendörfer, ausmachen. Die Leute hier sind Gabbra; sie gehören zu den Kuschiten, sind also verwandt mit den Boran und züchten wie diese Kamele. Ihr heiliger Berg, der Furroli, ist für mich ein hilfreicher Orientierungspunkt auf dieser eintönigen Strecke. Suchen Sie Dukana nicht im Reiseführer; es ist nirgendwo verzeichnet. Es gibt ja auch keinen Grund, es aufzusuchen, außer man ist krank oder braucht die Polizei. Und die Bewohner selbst hatten keine Wahl: Sie wurden im letzten Jahrhundert aus Äthiopien vertrieben.

Die Landepiste aus roter Erde wird von Kamelen belagert. Mein Anflug versetzt die Herde in Panik, und ich muß noch ein paar Warterunden drehen, bis die Hirten die Ordnung wiederhergestellt und die Bahn frei gemacht haben.

Dukana ist ein typisches Beispiel dafür, wie in der ariden Zone eine Siedlung entsteht: Die Brunnen, die es dort gibt, dienen zunächst als Sammelpunkt für die Herden, dann richtet die Polizei einen Stützpunkt ein, um Tiere und Menschen zu schützen, schließlich kommt die Kirche oder Moschee und endlich die Schule. Das Krankenhaus kommt leider immer als letztes dran.

Das Spital von Dukana ist staatlich verwaltet und noch kaum fertiggestellt, das Schwesternwohnhaus nach wie vor eine Baustelle, da der Unternehmer sich mit dem Geld davongemacht hat. Die Menschen hier fanden das eher komisch: Obwohl Diebstahl unter Privatleuten nicht gelitten und grausam bestraft wird, findet Diebstahl am Staat, diesem vagen, unpersönlichen Gebilde, eher Beifall. Aber mal ehrlich, sind wir im Westen in diesem Punkt nicht genauso?

Kurzum: Nichts funktioniert in Dukana, vor allem nicht das Funkgerät. Ich nehme mir das Problem vor. Die Batterie ist leer; sie wird aufgeladen, während ich es mit einer von den Polizisten geborgten anderen Batterie versuche. Es hilft nichts, ich kann keinen Kontakt zu Nairobi herstellen. Da fällt mir auf, daß die Außenantenne sehr ungünstig angebracht ist. Es braucht ein lautstarkes Palaver, bis ich durchgesetzt habe, daß die Drähte und Masten versetzt werden.

Damit die Soldaten mir die Ruhestörung verzeihen, halte ich anschließend eine kleine Sprechstunde ab. Ich finde nichts Ernstes, höchstens eine Magenverstimmung; die jungen Leute sind gut ernährt.

Meist ist es mir am liebsten, wenn ich die Patienten gleich auf der Landepiste im Schatten einer Tragfläche untersuchen kann, und zwar die wirklich Kranken, die tagelang mit ihren Herden gewandert sind, um zu mir zu kommen. Zu den klassischen Leiden wie Tuberkulose, Malaria und Echinokokkose kommen Schlangen- und Raubtierbisse. Vor zwei Jahren mußte ich einmal zwei Gabbra behandeln, die von einem Löwen schwer verletzt worden waren;

sechs Monate später wurden mir an derselben Stelle wieder zwei Männer mit ähnlichen Verwundungen gebracht.

Mittags, die Sonne steht genau im Zenit, besteige ich das glühend heiße Flugzeug und starte in Richtung des Grenzpostens Sabarei, wo ich einen Soldaten aufnehmen soll, der nach Ileret muß. Eine Viertelstunde Flug nach Westen, dann kann ich einige Bunker am Rande einer Landepiste ausmachen, kahle Berge am Horizont, ein paar Sträucher. Hierher versetzt zu werden kommt sicher nicht gerade einer Beförderung gleich. Der Spruch auf einer Baracke gibt die Atmosphäre treffend wieder: »Nur die Sabarener wissen, was Verlassenheit bedeutet.«
Nachdem wir den Chew-Bahir-See, einen Salzsumpf ähnlich den nordafrikanischen Schotts, überflogen haben, landen wir auf einem von Bienenfressern (das sind Vögel, die ihre Nester in den Sand graben) zerwühlten Boden. Soweit das Auge reicht, erstreckt sich der Turkanasee, früher Rudolfsee genannt. Die Hitze läßt das »Jademeer« im Dunst verschwinden. Hier scheint wirklich das Ende der Welt zu sein.
Als ich das erstemal nach Ileret kam, dachte ich, so müßte unser Planet wohl nach einem Atomkrieg aussehen. Lavablöcke, versteinerte Bäume, endlose fahle Wasserflächen, kümmerliche Sträucher, zerfetzt von einem unbarmherzigen Wind. Ein Glutofen unter einem wolkenlosen Himmel, ein Endzeitszenario für einen pessimistischen Sciencefiction-Film; die Akteure verzweifelte Horden hungriger, zerlumpter Menschen, die sich um einen Knochen prügeln. Aber bald begriff ich, daß ich mich geirrt hatte. Pes-

simismus ist kein afrikanischer Charakterzug, und das Land um den Turkanasee ist nicht das Ende der Welt, ganz im Gegenteil: hier hat sie angefangen.

Vor siebenundzwanzig Jahren haben zwei außergewöhnliche Männer, die meine Freunde nennen zu dürfen ich stolz bin, Yves Coppens und Richard Leakey, in diesem Gebiet Ausgrabungen unternommen und zweifelsfrei bewiesen, daß hier die Wiege der Menschheit war. Jedesmal, wenn ich über Ileret fliege, denke ich an jene Sommer, in denen ich zu Besuch im Camp von Yves Coppens war und ihre Arbeit beobachten durfte. Zum erstenmal war das 1969, damals, als Neil Armstrong als erster Mensch seinen Fuß auf den Mond setzte. Milliarden Dollar waren dafür aufgewendet worden, während hier, in einem verlorenen Winkel Afrikas, mit unendlich geringerem finanziellen Aufwand das Rätsel unserer Herkunft gelöst wurde. Wer hat nun den größeren Schritt für die Menschheit getan?

Vom Garten Eden jedenfalls hatte ich mir eine ganz andere Vorstellung gemacht, von jener Wohnung Adams und Evas, aus der sie aufgrund einer Meinungsverschiedenheit mit dem Eigentümer ausziehen mußten. Richard Leakey hat mir in Koobi Fora, wo er zur Zeit seine Forschungen betreibt, beschrieben, wie diese Landschaft vor einer Million Jahren ausgesehen haben mag:

»Hier am Seeufer erstrecken sich Wiesen und kleine Wäldchen. Übermütige Affen turnen durchs Geäst. Man sieht Elefanten, oder zumindest ihre Vorfahren, beim Fressen; ihre Rüssel sind kleiner, ihre Stoßzähne dicker und kürzer. Ganz in der Nähe hat sich eine Menschengruppe zusammengefunden, um sich zu unterhalten, kleine, auf zwei Beinen stehende Geschöpfe mit niedrigen, massiven Stirnen. Andere bearbeiten in einiger Entfernung Steine, um daraus Werkzeuge herzustellen. Bäche mit klarem Wasser plätschern munter durch das Gras...«

In einem faszinierenden Gemälde, das heute im Museum von Nairobi bewundert werden kann, hat Richard Leakey dieser Vision Form und Farbe gegeben. Für mich ist es immer wieder erstaunlich, wie es den Paläontologen gelingt, bloß aufgrund einiger Knochenreste, roh behauener Kieselsteine und fossiler Sporen derart präzise Bilder der Vergangenheit zu schaffen. Lachend oder nachdenklich bleiben die Afrikaner vor dem Gemälde stehen. Jenen, die noch Verwandte im Busch haben, mag der Gedanke kommen, daß sich das Leben dort seit ein oder zwei Millionen Jahren nicht sonderlich verändert hat. Afrika ist unser aller Mutter; sie aber empfinden mit Recht den Respekt, den man seinen Vorfahren zollt.

Die Stämme um den Turkanasee sind übrigens alles andere als primitiv, wie man vielleicht glauben könnte. Sie haben die Kunst des Überlebens bis zur Vollkommenheit entwickelt, und ihre Gesellschaft ist sehr komplex strukturiert. Problematisch ist allerdings, daß in dieser Gegend zahlreiche ethnische Gruppen unterschiedlicher Herkunft aufeinandertreffen, die sich oft feindlich gegenüberstehen. Zu ihren traditionellen Rivalitäten kommen die Nachwirkungen der fortdauernden Kriege, die seit Jahrzehnten in Äthiopien, Sudan und Somalia herrschen. Räuberbanden geben sich als Freiheitskämpfer aus und sind noch gefährlicher, seit sie statt der Speere und Dolche die allgegenwärtigen Kalaschnikows mit sich führen.

In Ileret erwartet mich heute eine böse Überraschung: Die Vertreter der vier Kilometer entfernten Missionsstation kommen mir zu Fuß entgegen; das einzige Fahrzeug ist kaputt. Da ich nicht vorhabe, den Weg um zwei Uhr nachmittags in der prallen Sonne zu Fuß zurückzulegen, baue ich meinen Tisch im Schatten einer Tragfläche auf und harre der Dinge, die da kommen sollen. Die ersten Patienten lassen auch nicht lange auf sich warten: Wie in allen Siedlungen, die ich besuche, kennt man hier meine Gewohnheiten und meinen Zeitplan sehr genau. Ich halte mich an regelmäßige, feste Termine alle fünf Wochen; ich komme also nicht am ersten, fünfzehnten oder fünfundzwanzigsten jedes Monats, denn das ergäbe keinen Sinn für diese Leute, deren einziges Zeitmaß der Mondzyklus ist.

Die Journalisten, die mich von Zeit zu Zeit begleiten – ich bin nämlich auch für die Öffentlichkeitsarbeit der AMREF zuständig –, amüsieren sich immer über meine ewig gleiche Kluft: alte Jeans, geflickte grobe Schuhe, Fliegerhemd und Schirmmütze. Wäre es ihnen lieber, ich trüge ein Chanel-Kostüm und Stöckelschuhe im Cockpit? Oder eine weiße Bluse mit passendem Häubchen? Am meisten aber staunen sie über das große Messer mit fixierbarer Klinge, das ich ständig bei mir trage, nicht, um mich gegen die Räuberbanden zu verteidigen, sondern für viel simplere und häufiger vorkommende Bedürfnisse: Ich kann damit Dosen öffnen, Funkgeräte auseinandernehmen, Tabletten zerteilen – oder ich verwende das Messer ganz einfach als Eßbesteck. Bei meinen kargen Mahlzeiten in den Wüstenstationen braucht es kein Tafelsilber.

Am liebsten erzählen die Journalisten, daß ich dieses Messer verwende, um Abszesse herauszuschneiden oder ähnliches. Das ist natürlich reine Erfindung. Operative Eingriffe führen wir prinzipiell mit speziellen Instrumenten und nach den strengen Regeln der Aseptik durch, die überall dieselben sind. Deshalb ärgert mich diese sicher komisch gemeinte Geschichte ein wenig. In einer Zeitschrift macht sie sich vielleicht ganz gut, aber ich frage mich, was unsere Geldgeber davon halten.

Diesmal habe ich in Ileret keine schweren Fälle zu behandeln. Alle sind mit ihrer kleinen Pillenration wieder abgezogen, und ich mache mich schon zum Abflug bereit, als wie aus dem Nichts ein alter, zerlumpter Mann auftaucht, ein Hirte, der sich auf seinen langen Stab stützt. An der Brust trägt er seine einzige Habe, die traditionelle holzgeschnitzte Kopfstütze, die auch als Schemel verwendet wird. Er ist stark abgemagert und wirkt sehr geschwächt. Dennoch muß er stundenlang gegangen sein, nur um zu mir zu kommen. Die Leute aus Ileret scheinen ihn weder zu kennen noch Lust zu haben, sich um ihn zu kümmern. Möglicherweise gehört er nicht zur einheimischen Bevölkerung, vielleicht kommt er sogar aus Äthiopien. Woher soll man das wissen? Er spricht beinahe nichts und versteht kein Swahili. Eins ist sicher: Er ist sehr krank und kann nichts zu sich nehmen, weil die Lymphknoten an seinem Hals so stark vergrößert sind, daß er kaum schlucken kann. Krebs, Tuberkulose?

Ich brauche nicht lange zu überlegen: er muß mit. Unterwegs werde ich sicher ein Krankenhaus finden, das ihn aufnimmt. Der »Alte«, wie ich ihn von nun an nennen werde, da ich seinen Namen nicht erfahre, hat in seinem Leben bestimmt noch kein Flugzeug gesehen, aber er scheint keine Angst zu haben. Er ist so leicht wie ein Kind, als wir ihn auf den Rücksitz in die Kabine heben, und so zart gebaut, daß der Sicherheitsgurt viel zu locker sitzt. Da ich befürchte, daß er erbrechen muß, gebe ich ihm eine Plastiktüte und erkläre ihm mit Gesten, wozu sie da ist. Kurz nach dem Start, der ihn anscheinend nicht weiter beeindruckt hat, tippt mir der »Alte« auf die Schulter. Es ist soweit!, denke ich; aber nein, er will mir nur bedeuten, daß er auf meinem Gepäck schlafen möchte, und hat höflich um Erlaubnis gebeten.

Kurs Südost und zwanzig Flugminuten Richtung North Horr. In diesem zentralen Ort gibt es ein gutes Krankenhaus, und ich bin zuversichtlich, meinen Schützling dort abliefern zu können. Mein »Alter« (der vielleicht nicht älter als fünfzig sein mag) beeindruckt mich sehr. Trotz seiner Beschwerden sind seine feinen Gesichtszüge von einer bewundernswerten Schönheit, wie man sie bei den Nilvölkern findet, und seine Bewegungen sind elegant. Bereits beim zweitenmal hat er es geschafft, über die Tragfläche zu klettern, und das ist selbst für gesunde Mitteleuropäer nicht ganz leicht.

Die Gegend um North Horr ist freundlicher als um Ileret; hier gibt es Vegetation, kleine Doumpalmen, aus denen die Einheimischen auf Anregung der Mission Korbwaren herstellen, die bis Nairobi bekannt sind. Außerdem laufen so viele Kamele herum, daß ich beim Anflug kaum den Landestreifen ausmachen kann.

Ich werde mit einem nagelneuen Landrover abgeholt, einer Spende aus dem AIDS-Fonds der Vereinten Nationen, wie der Aufkleber an der Tür besagt. AIDS ist in dieser Gegend gar nicht das Hauptproblem, aber es eignet sich immer gut als Aufhänger. Die großen internationalen Organisationen und ihre Launen.

Schwester Brigitte, die Leiterin des Krankenhauses, hat keine Freude mit meinem Hirten. Das Spital ist überbelegt; sie hat mit einer Malariaepidemie zu kämpfen, alle Räume sind voll, die meisten Patienten hängen am Infusionsschlauch. Wegen des Bettenmangels liegen einige sogar auf dem Fußboden. In einer Ecke hat sich ein junges Mädchen ausgestreckt, den nackten Oberkörper von einem Handtuch bedeckt. Ihr von dichtem Haar gerahmtes Gesicht ist eines der schönsten, das ich je gesehen habe, einer Königin von Saba würdig. Mit golden schimmernden, fieberglänzenden Augen schaut sie mich an.

Ich schließe einen Kompromiß mit Schwester Brigitte: Vor allem muß mein »Alter« ernährt und sein Wasserhaushalt ausgeglichen werden. Er wird über Nacht eine Infusion erhalten, und morgen hole ich ihn wieder ab, um ihm eine andere Bleibe zu suchen. Das ist vielleicht auch ganz vernünftig, denn ich halte ihn für einen Gelubba, die Leute hier aber sind Gabbra; dieser Stammesunterschied könnte in einem Buschkrankenhaus durchaus für Unruhe sorgen.

Es ist schon fast sechzehn Uhr; heute wird nichts mehr aus dem Mittagessen. Ich nehme mir nur Zeit für eine Tasse Tee mit Schwester Brigitte und ihrer Belegschaft – und mit einem reizenden kleinen Mädchen, das ihnen nicht von der Seite weicht. Als es hinter der Herde seiner Eltern her durch die Wüste zog, wurde es von einer Viper gebissen.

Es konnte mit knapper Not gerettet werden und ist bei der Missionsstation geblieben, die es adoptiert hat. Vielleicht wird die Kleine eines Tages Krankenschwester.

Die berittene Polizei von North Horr – die Reittiere sind natürlich Kamele – mußte noch einmal die Herden von der Piste treiben; aber nun habe ich abgehoben und bin nach einer Viertelstunde Flug in Richtung Südwesten wieder am Turkanasee, diesmal über dem südlichen Teil. Die Gegend ist auch nicht grüner als im Norden, außer in Loyangalani, einer Oase, die heute mein letzter Zwischenstopp sein wird. Einige Minuten vor meiner Landung überfliege ich das Territorium der El Molo, eines kleinen Fischerstamms, der sich in einer Bucht angesiedelt hat. Dieses Volk gehört zu den eigentümlichsten in Kenia; schon seine Existenz ist ein Mysterium, mehr noch, daß es bis heute überlebt hat. Die Stammesbezeichnung – sie bedeutet soviel wie »arme Teufel« – wurde ihm von seinen Nachbarstämmen verliehen, die das friedfertige Volk verachteten und sich nicht scheuten, seine Frauen zu entführen: daher das geringe Bevölkerungswachstum und die Degenerationserscheinungen durch Inzest. Der Stamm ist ein Fossil, das annähernd Richard Leakeys Vision von den Anfängen der Menschheit entsprechen könnte. Es sind nur noch einige hundert, und sie werden mit Sicherheit aussterben oder sich mit der Masse der übermächtigen Samburu oder Turkana vermischen.
Von ihren Palmhütten aus haben sie mein Flugzeug gesehen. Sicher werden sie morgen im Missionskrankenhaus auftauchen. Sie sind mir keine Unbekannten; häufig leiden

sie unter deformierten Knochen, verkrümmten Armen oder Beinen, die auf das zu fluorhaltige Wasser des Sees zurückzuführen sind.
Die El Molo haben schon immer vom Fischfang im Turkanasee gelebt und bedienen sich dabei leichter, aus den Stämmen von Doumpalmen gebauter Flöße. Damit waren sie sehr zufrieden – bis es eines Tages irgendeinem Beamten einfiel, Mittel locker zu machen, um ihnen ein Motorboot aus Kunststoff zur Verfügung zu stellen. Da die einheimischen Fischer damit nichts anzufangen wußten, stellte die Regierung auch noch einen Kapitän bei, einen Luo vom Victoriasee, der mit einem Gehalt, das dem eines Fischkutterkapitäns in Mombasa entsprach, fürstlich entlohnt wurde. So betrieben die El Molo weiterhin ihren traditionellen Fischfang, während der Kapitän sein Boot an die Touristen vermietete. Er liebte Uniformen und bat regelmäßig die Berufspiloten, die in Loyangalani landeten, um ihre Rangabzeichen, damit er sein Hemd damit schmücken konnte. Schließlich streikte der Motor und war nicht mehr zu reparieren; das Boot lag am Ufer, aber der Kapitän behielt seinen gut bezahlten Posten und mimte in der Bar der Oasis Lodge noch so lange den großen Mann, bis die Mittel für das großartige Unternehmen erschöpft waren.

Nach der anstrengenden Reise ist mir der Flugplatz von Loyangalani ein willkommenes Ziel. Im Schwimmbad der Mission spüle ich den Wüstenstaub fort. Ja, es gibt tatsächlich ein Schwimmbad, ein richtiges, großes Becken, in dem man wirklich schwimmen kann, mit warmem

Wasser, das mit einer Temperatur von vierzig Grad Celsius aus einer vulkanischen Quelle sprudelt. Ein italienischer Milliardär, dem es der Ort angetan hatte, hat das Bad der Mission gestiftet.

Pater Francis, der Leiter der Station, ist ein humorvoller Kolumbianer, der Strohhüte sammelt; sein Mitarbeiter, Pater Mario, ist Mechaniker aus Leidenschaft. Die Fähigkeiten der beiden werden hier dringend gebraucht, denn es gibt immer etwas zu reparieren, von den Landrovern bis zu den Generatoren, und die Stromgewinnung ist ein großes Problem: Die Dieselgeneratoren dürfen nur einige Stunden am Abend laufen, um Kraftstoffverbrauch und Verschleiß gering zu halten. Wenn Sie Pater Mario fragen, warum er nicht den Wind nutzt, der hier ständig weht, wird er ein gelassenes Lächeln aufsetzen und Sie hinter das Gebäude führen, wo die Überreste mehrerer Windräder herumliegen, der solidesten, leistungsstärksten Modelle, die überhaupt zu bekommen waren. Den Winden von Loyangalani aber, die hier unaufhörlich vom Mount Kulal herunterbrausen, waren sie nicht gewachsen; selbst nachts bereiten einem hier unaufhörliche stürmische Böen einen unruhigen Schlaf.

Nachdem die Signallichter gelöscht sind, statte ich der Oasis Lodge einen Besuch ab, dem Zentrum des – allerdings nicht besonders einträglichen – Tourismus in Loyangalani. Die »Lodge« ist eine für die Tourismusgebiete Ostafrikas typische Beherbergungsform, eine Art Feriensiedlung mit einem Hauptgebäude, wo sich Restaurant, Bar und Swimmingpool befinden, und im Umkreis angeordneten einfachen Bungalows, hier *Bandas* genannt, in denen die Gäste

schlafen. Wolfgang, der deutsche Pächter, ist eine Abenteurernatur, der offen bekennt, keinerlei Vorsorge gegen die Malaria zu treffen.
»Ich trinke zuviel Whisky, als daß die Moskitos es wagen würden, mich zu stechen«, verkündet er.
Sein Hauptgesprächsthema sind die *Shiftas*, die Räuberbanden, die von Zeit zu Zeit immer noch in Erscheinung treten und dem Fremdenverkehr nicht gerade zuträglich sind.
Die Oasis Lodge ist für mich mit einer tragischen Erinnerung verbunden. Es war 1965, gegen Ende meines ersten Jahres im Dienst der fliegenden Ärzte. Bewaffnete Guerillakämpfer machten damals den Norden des Landes unsicher, ausgerüstet und unterstützt von den Somaliern, die dieses Gebiet seit der Unabhängigkeit unter dem Vorwand beanspruchten, die Bevölkerung gehöre derselben ethnischen Gruppe an und spreche dieselbe Sprache wie sie. Der fünfzackige Stern in der blauen Flagge Somalias symbolisiert jene Siedlungsgebiete, in denen die Somal leben, darunter auch das nördliche Kenia – eine Verhöhnung des durch die OAU anerkannten Dogmas, daß die in der Kolonialzeit gezogenen Grenzen beibehalten werden sollten. Kenia wich nicht von seinem Standpunkt ab, und es kam zum Krieg. Die *Shiftas* überfielen die Dörfer, und die Nomaden flüchteten sich in die Garnisonsstädte. Der Zutritt zum nördlichen Grenzbezirk war gesperrt, und ich konnte meine Krankenhäuser nur unter dem Schutz des Militärs aufsuchen. Die Erklärung von Arusha machte den Feindseligkeiten zwar 1967 offiziell ein Ende, aber noch lange Zeit hielten sich bewaffnete Banden, die

in dieser weitläufigen Gegend nicht dingfest zu machen waren.

Die Oasis Lodge gehörte damals den Sorsbys, die von Anfang an großzügige Förderer der AMREF waren. Vor der Unabhängigkeit war Mr. Sorsby Direktor der East African Airways gewesen; Lady Sorsby, die ein gutes Gespür dafür besaß, wie sich der Tourismus in Kenia entwickeln würde, hatte schon Lodges in Samburu und Narok eingerichtet. Für die Leitung der Lodge in Loyangalani hatte sie Guy Poole, einen ehemaligen maltesischen Seemann, engagiert. Die Gebäude standen bereits: einige strohgedeckte Hütten und ein kleiner Swimmingpool, die 1959 von einer Expedition der Universität von Kalifornien gebaut worden waren: Amerikanische Wissenschaftler aller Fachrichtungen hatten sich sechs Monate lang dort aufgehalten, um die geologischen und botanischen Gegebenheiten sowie die Fauna des Turkanasees zu erforschen.

Guy Poole war ein energischer und praktischer Mann, der sich in jeder Situation zu helfen wußte – ein idealer Manager. Er besaß ein starkes Motorboot, die »Lady of the Lake«, in dem er mich manchmal zum Angeln mitnahm. Um das Hotel herum hatte er eine Absperrung errichtet und einen Garten mit Rasenflächen und Blumen angelegt, den die Schafe und Esel der Umgebung mit Wonne kahlfraßen. Dann jagte Guy Poole ihnen nach und schoß mit dem Gewehr in die Luft, um sie zu verscheuchen. Er soll sogar einmal einen allzu dreisten Esel in Gewahrsam genommen haben. Für die Hirten der Region, Rendille oder Samburu, waren das alles schlimme Verbrechen, weshalb sie auf Guy nicht besonders gut zu sprechen waren. Mit

den El Molo jedoch, um die er sich nach Kräften kümmerte, verstand er sich bestens.
Die hohen Herren in der Regierung hatten inzwischen beschlossen, Loyangalani den Fortschritt zu bringen und dort eine Missionsstation, eine Schule und eine Fischereigenossenschaft ins Leben zu rufen. Eine Kommission wurde gegründet, Funktionäre tauchten auf, Landvermesser steckten das Gelände ab. Bei ihrem Anblick wurden die Leute mißtrauisch und machten sich Gedanken: Man würde ihnen ihr Wasser wegnehmen, ihr Land, sie verjagen – und all das wegen dieser verfluchten Lodge, von der alles Übel ausging! Der Haß konzentrierte sich auf Guy Poole. Berüchtigte *Shiftas* aus der Region erhielten den Auftrag, ihm ein schlimmes Ende zu bereiten.
Niemand hatte daran gedacht, mit der zuerst beunruhigten, dann aufgebrachten Bevölkerung zu reden, keiner hatte sich die Mühe gemacht, ihr zu erklären, was genau sich abspielte, sie nach ihrer Meinung zu den laufenden Projekten zu befragen oder sich zu erkundigen, ob ihr das alles behagte oder nicht. Wieder einmal wußten Bürokraten besser als alle anderen, was gut für das regierte Volk war, anstatt daß sie sich an die direkt Betroffenen selbst gewandt hätten.
An einem Freitagvormittag, wenige Tage vor Weihnachten, traf ich Guy Poole und seine Frau Lilian in der Nähe des New Stanley Hotels in Nairobi, wo sie Einkäufe für das Fest erledigten; Guy erzählte mir, daß er am Nachmittag allein nach Loyangalani zurückkehren werde, Lilian wollte mit den Kindern, die in die Schule mußten, in Nairobi bleiben.

Am Abend des folgenden Tages hörte ich auf meiner Farm in Subukia über das Funknetz, das die Farmer der Region untereinander verbindet, daß es in Loyangalani einen Überfall mit Todesopfern gegeben hatte. Ein Mann war fünfundsiebzig Kilometer bis nach North Horr gelaufen, um Alarm zu schlagen; es gab sonst keine Kommunikationsmöglichkeiten.

Guy Poole war am Freitagnachmittag tatsächlich mit dem Flugzeug zur Lodge zurückgekommen. Der Pilot war gleich wieder umgekehrt und hatte noch den Neffen des italienischen Unternehmers, der sich um die Vergrößerung des Swimmingpools kümmerte, nach Nairobi mitgenommen; der spontane Ausflug rettete dem jungen Mann das Leben.

Als die beiden weg waren, blieben außer dem einheimischen Personal nur noch Guy Poole und der alte italienische Fahrer des großen Lebensmitteltransporters in der Lodge. Das Hotel war wegen Umbauarbeiten geschlossen, so daß keine Gäste anwesend waren. Pater Stallone, ein katholischer Priester, der in der Nähe seine Missionsstation aufbaute, kam gegen Abend zu Besuch. Gegen neunzehn Uhr hörten die drei Männer plötzlich Schüsse und Schreie. Guy Poole gab einem der Bediensteten den Schlüssel zum Gewehrschrank und befahl ihm, so schnell wie möglich Waffen zu holen. Er hätte besser daran getan, sich selbst darum zu kümmern, denn der Mann kam nicht rechtzeitig zurück – falls er überhaupt diese Absicht gehabt hatte. Inzwischen waren die Banditen eingedrungen; Guy, der Priester und der Fahrer wurden mit Kabeln auf Stühle gefesselt und in einem der Bungalows gefangengehalten. Dort blieben sie einen Teil der Nacht, während die Einbrecher alles verwüsteten, wild herumfeuerten und die Alkoholvorräte in der Bar plünderten. Bevor sie sich davonmachten, schossen sie Guy Poole und Pater Stallone, die immer noch an den Stühlen festgebunden waren, in den Rücken; dann zwangen sie den Fahrer, den Landrover mit ihrer Beute zu beladen und sich ans Steuer zu setzen. Die anderen Fahrzeuge hatten sie demoliert. Nach etwa dreißig Kilometern ging dem Landrover der Sprit aus, und die Banditen flohen zu Fuß in die Nacht. Den alten Fahrer nahmen sie mit; er wurde nie wieder gesehen.

Billy Bunford, der Einsatzleiter der AMREF, bat mich damals über Funk, so schnell wie möglich zur Lodge zu kommen, da ich dem Ort des Geschehens am nächsten war. Am Sonntag lud ich schon in der Morgendämmerung die Erste-Hilfe-Koffer in mein Flugzeug, da ich nicht sicher wußte, ob nicht vielleicht Verletzte zu behandeln wären. In Loyangalani war inzwischen das Polizeiflugzeug mit Lady Sorsby und ihrem Ehemann angekommen. Die beiden Leichen waren bereits in Säcke gepackt worden; man konnte nichts mehr tun.

Wir waren erschüttert und empört über diese sinnlose Tat an zwei Männern, die versucht hatten, einem so verlassenen Ort ein wenig Fortschritt zu bringen. Und ich war wütend über die El Molo, die gewußt haben mußten, daß sich eine Katastrophe anbahnte, und sich rechtzeitig aus dem Staub gemacht hatten, ohne die Leute von der Lodge zu warnen. Dabei waren sie Guy Poole Dank schuldig: Er hatte sie engagiert, um den Touristen traditionelle Tänze vorzuführen, wofür sie jedesmal zwei Zentner Maismehl

erhielten, von denen sich die Gemeinschaft gut einen Monat lang ernähren konnte.
Als Lady Sorsby in der Folge des schrecklichen Ereignisses die Lodge schloß und zum Verkauf anbot, war das dann ein harter Schlag für den Stamm. »Bei mir braucht ihr euch nicht zu beklagen«, schnitt ich ihr Gejammer kurz ab. »Ihr habt Bescheid gewußt, ihr hättet sie warnen können.«
»Es war so bestimmt. Es war Gottes Wille«; so lautete ihre Rechtfertigung. Sie wollten nicht zugeben, daß sie sich zu schwach fühlten, um Repressalien durch die Rendille zu riskieren, die sicherlich die Hand im Spiel gehabt hatten. Die Folge dieser Vorfälle war, daß ein ständiger Polizeiposten in Loyangalani errichtet wurde.
Inzwischen ist die Lodge wieder in Betrieb, und ich habe oft dort übernachtet, in eben jenem Bungalow Nr. 6, in dem die Morde stattgefunden haben. An Gespenster glaube ich nicht.

Heute sehe ich bei der morgendlichen Sprechstunde nichts Ernstes. Ein paar weiße Flecken, die auf der braunen Haut besonders auffallen, sind bloß alltägliche Mykosen, nichts Besonderes, wenn man bei fünfzig Grad im Schatten (den es allerdings gar nicht gibt) im Wasser planscht.
Eine Turkanafamilie taucht auf. Das Territorium dieses Stammes liegt westlich des Sees, aber sein Einfluß ist bis hier an der Südspitze spürbar. Die Turkana gehören zu den nilotischen Völkern wie die Samburu und die Massai, aber ihre Gesellschaftsordnung ist weniger streng geregelt als bei diesen, und ihre Lebensgrundlagen sind vielfältiger.

Als Hirten- und Nomadenvolk halten sie alle Arten von Tieren, von Kamelen und Rindern bis zu Eseln und Ziegen. Unter Umständen können sie auch Ackerbau oder Fischerei betreiben. Bei ihnen werden weder Jungen noch Mädchen beschnitten, statt dessen ziehen sie die unteren Schneidezähne. (Ein aus therapeutischer Sicht recht nützlicher Brauch: Bei den häufig vorkommenden Tetanusinfektionen sind die Kiefermuskeln so verkrampft, daß der Kranke den Mund nicht mehr öffnen kann. Durch dieses Loch in der Zahnreihe läßt sich dann ein Strohhalm oder eine Kanüle einführen, mit der man den Patienten mit Flüssigkeit und Nahrung versorgen kann.) Und schließlich unterscheiden sich die Turkana nicht zuletzt dadurch von anderen Völkern, daß sie der Frau einen höheren Status zugestehen.

Das ist wahrscheinlich auch der Grund, weshalb diese Familie darauf drängt, daß ich eine ihrer Töchter untersuche, die seit einiger Zeit hinkt. Das arme Kind hatte sich den Oberschenkel gebrochen, als es mit einer schweren Last auf dem Kopf über Steine stolperte. Nach dem Unfall, den die Kleine klaglos hingenommen haben muß, ist der Knochen wieder zusammengewachsen, aber das Bein ist jetzt kürzer. Hinken ist ein schweres Handicap, wenn man sein Leben auf Wanderschaft verbringt, in einer Gesellschaft, die Behinderte als Last empfindet und ablehnt.

Langes Palaver mit dem Vater; er spricht kein Swahili, und so übersetzt ein Krankenpfleger meinen Vorschlag in seine Sprache:

»Sagen Sie ihm, daß seine Tochter gesund werden und dann wieder normal gehen kann. Dazu muß sie in ein anderes Krankenhaus, in Wamba. Sie wird eine heilgymnastische Behandlung bekommen, sie wird liegen müssen, und man wird ihr Bein mit Gewichten strecken. Das kann Wochen dauern und wird ihn siebenhundert Shilling kosten.«

Lange Verhandlung des Familienrats; dann gibt der Vater seine Zustimmung. Das wundert mich nicht: Trotz ihrer einfachen Kleidung sind die Turkana alles andere als arm. Sie brauchen nur ein Tier zu verkaufen, um die Spitalskosten zu decken. In Afrika ist der Schein oft trügerisch, bei den Menschen wie in der Natur.

Am nächsten Morgen um neun Uhr starte ich von Loyangalani Richtung Nordost; unter mir kann ich die Südinsel sehen, einen von Ziegen bevölkerten Lavakegel. Der Turkanasee, ein Binnenmeer von zweihundertfünfzig Kilometern Länge, ist reicher an Leben, als es den Anschein hat. Auf den beiden anderen Inseln, der Zentral- und der Nordinsel, leben riesige Krokodile, und Tausende Vögel machen dort Halt auf ihrem Zug. Es scheint, daß der See früher größer und tiefer war und Verbindung zum Nil hatte, dessen Wasser eine sehr ähnliche Tierwelt beherbergt. Außer den Krokodilen und Flußpferden findet man auch riesige Fische; Nilbarsche mit über zweihundert Kilo und Tilapias sind die tägliche Kost der Uferbewohner und das höchste Glück leidenschaftlicher Angler, die als Touristen hierherkommen. Ein nicht ganz ungefährliches Freizeitvergnügen, da über dem »Jademeer« oft heftige Stürme aufkommen. Man sollte sich nicht für schlauer halten als die El Molo.

Ein kleiner Berg, den wir »Black Pimple« nennen, kündigt North Horr an. Ich halte geradewegs auf diesen »schwarzen Pickel« zu, denn er ist mein einziger Orientierungspunkt; später werden es unendlich lange Kamelkolonnen sein, die mich leiten. Am Boden erkenne ich kreisförmig angeordnete Steinhaufen: uralte Galla-Gräber.

In der Krankenstation ist Schwester Brigitte immer noch in Aktion.

»Ach, Sie wollen Ihren Patienten abholen?«

Gut. Ich habe verstanden. Das ist mein Patient und nicht ihrer, da hat sie ihre Meinung nicht geändert. Er trägt immer noch seine erdbraunen Lumpen, aber nachdem er eine Nacht geruht hat und versorgt worden ist, sieht er schon besser aus. Er begrüßt mich fröhlich, als hätte er keine Sekunde daran gezweifelt, daß ich ihn wieder abholen werde.

Bevor wir North Horr verlassen, erstehe ich im Laden der Mission noch einige der hübschen Korbwaren aus Doumpalmenstroh, die als Spezialität dieser Region gelten, Körbe, Untersetzer und Tischsets, die ich bei jeder Gelegenheit verschenke und von denen mein Haus voll ist. Es gilt mit gutem Beispiel voranzugehen, um diese kleine Hausindustrie zu fördern. Ein tüchtiger Geschäftsmann aus Nairobi könnte mit diesen Waren ein Vermögen verdienen. Leider muß ich feststellen, daß der Bestand fast erschöpft ist und viele Modelle fehlen.

»Was wollen Sie«, bedauert Schwester Brigitte, »wir können keinen regelmäßigen Nachschub bekommen. Sobald die Frauen ein bißchen Geld haben, hören sie auf.«

Tja, die Menschen in North Horr sind eben noch nicht bereit für die Fließbandarbeit.
Diesmal nimmt der »Alte« seinen Platz im Flugzeug schon ganz ohne Hilfe ein und schließt seinen Gurt wie ein Profi. Während der halben Flugstunde nach Maikona schaut er sich interessiert die Landschaft an. Plötzlich murmelt er etwas und tippt mir auf die Schulter, völlig entgeistert vom Anblick der Chalbi-Wüste, eines ausgetrockneten Sees, weiß vor lauter Salz. Eine solche Einöde ist ihm offensichtlich noch nicht untergekommen, und im Vergleich dazu müssen ihm seine gewohnten Weiden mit ihren spärlichen, dürren Dornbüschen und steinigen Böden geradezu üppig erscheinen.
Maikona ist eine kleine Oase abseits der Straße von North Horr nach Marsabit, wo Rinder und Kamele einen gemeinsamen Zug zu den Wasserlöchern bilden. Hier habe ich einen großen Vorteil: Mein Flugzeug kann von der Piste direkt in den Hof der Missionsstation rollen. Ich bringe meinen Hirten in den Schatten unter dem Balkon des Krankenhauses, wo er unbeweglich sitzenbleibt, ohne die Maschine aus den Augen zu lassen. Hat er Angst, daß ich mich ohne ihn davonmache?
Die Mission von Maikona wird von Pater Venturino geleitet, einem ungewöhnlichen Priester, der Kamele züchtet und ein Geländemotorrad fährt. Heute ist er nicht da, schade, ich hätte mit ihm gern ein paar Worte über die nicht eben perfekte Führung seines Krankenhauses gesprochen. Es gibt keinen Arzt und nur eine einzige Krankenschwester, eine junge, völlig unerfahrene Gabbra, die ich erst ein bißchen antreiben muß, bis ich endlich meine Visite

durchführen kann. Unordentliche Zimmer und kaum Medikamente, keine sterilen Handschuhe, obwohl ich sicher bin, daß wir vor kurzem welche geliefert haben. Wo sind sie geblieben? Das junge Mädchen hat nicht die leiseste Ahnung. Ich schon: Wenn man sich in dieser Art Einrichtung nicht vorsieht, landet ein Großteil der medizinischen Ausrüstung bei Medizinmännern oder Heilern, für die solche westlichen Accessoires der letzte Schrei sind.

Die Patienten sind vor allem Frauen und Kinder; die Frauen leiden sehr häufig unter gynäkologischen Beschwerden. Zynisch, aber wahr: Gerade diese Krankheiten haben sehr dazu beigetragen, ihnen die moderne Medizin schmackhaft zu machen. Solche Leiden können Unfruchtbarkeit zur Folge haben, und das ist hier ein schwerer Makel, ein soziales Todesurteil. Die verheirateten Frauen haben denn auch bald den Weg zur Krankenstation gefunden, wo unsere Antibiotika sie heilen konnten, und damit den anderen ein Beispiel gegeben. Ebenso war es mit dem ernährungsbedingten Flüssigkeitsmangel, der Hauptursache für die Kindersterblichkeit in Afrika. Durchfallerkrankungen aufgrund von Darminfektionen können den kindlichen Organismus austrocknen und dann nicht selten tödlich enden. Dabei ist die Therapie ganz einfach: Wir verteilen an die Mütter kleine Briefchen mit Mineralsalzen, die einfach zu verwenden sind. Auf diese Weise retten wir die meisten Säuglinge, zumindest diejenigen, die man uns bringt.

Solche Erfolge allein rechtfertigen schon die Existenz dieser abgelegenen Krankenstationen, dienen sie doch als Anlaufstelle für die Nomaden, die keine Möglichkeit haben, in eine Stadt zu gehen, um für sich oder ihre Kinder medizinische Hilfe zu erhalten.

Über Funk kommt die Mitteilung, daß wieder einmal ein heftiger Sturm über mein nächstes Ziel Marsabit hinwegfegt und eine Landung deshalb derzeit nicht in Frage kommt. So sitze ich also in Maikona fest, zusammen mit meinem »Alten«, der immer noch stoisch in seiner Ecke hockt. Wenigstens bleibt mir heute Zeit zum Mittagessen im Hof der Missionsstation. Der Boden aus schwarzem Lavaschotter strahlt unbarmherzig die Hitze zurück, die Sonne steht im Zenit, und die jungen Akazien spenden nicht das kleinste bißchen Schatten. Ein eiserner Verbißschutz bewahrt die jungen Stämmchen vor dem Appetit der Ziegen. Schulkinder spielen auf dem Hof, alle in Uniform: die Mädchen in blauem Rock und rosa Bluse, die Jungen in blauem Hemd und gelben Shorts.

Immer wenn ich die Schüler solcher Missionsstationen betrachte, muß ich über ihre Zukunft nachdenken. Jetzt gibt man ihnen also eine Erziehung nach europäischem Muster. Später werden sie ihre Tiere nicht mehr versorgen können oder wollen; sie werden das Leben ihrer Vorfahren aufgeben und in die Stadt ziehen, wo es nicht genügend Arbeitsplätze für sie gibt. Die Zahl der Arbeitslosen, der Unzufriedenen und Enttäuschten wird wieder zunehmen. Wäre es nicht besser, Stipendien an diejenigen zu vergeben, die man für die Fähigsten hält, diejenigen, die mit Sicherheit weiterkommen werden, und die anderen zu lehren, ihre traditionelle Lebensweise zu bewahren und zu verbessern, durch mehr Hygiene, leistungsfähigeres Vieh, bessere Kulturpflanzen? Aber das wäre Elitenbildung, von

keiner Regierung gern gesehen, in Afrika genausowenig wie anderswo.
Als ich, immer noch von meinem Hirten begleitet, um vierzehn Uhr endlich starten kann, gibt die Piper nach drei Stunden in der prallen Sonne einen Gestank von sich wie eine chinesische Dschunke: In Loyangalani hat mir Pater Mario nämlich Trockenfisch aus dem Turkanasee geschenkt, den ich leidenschaftlich gern esse. Den Fisch habe ich im vorderen Stauraum unter dem Motor untergebracht. Bloß schnell weg!
Eine halbe Stunde später über Marsabit zeugen nur noch dampfende Wasserlachen auf der Piste vom eben niedergegangenen Wolkenbruch. Ein Krankenwagen wartet schon. Der Hirte hat verstanden: Er geht auf die Pfleger zu, dreht sich noch einmal um, verlangt seinen Stab und seine hölzerne Kopfstütze und schüttelt mir dann lange die Hände. Seine aus einem alten Autoreifen gefertigten Sandalen klappern auf dem Asphalt. Was er wohl empfindet? Sicher weiß er, daß er hier Heilung finden wird, sollte es sie für ihn überhaupt noch geben.
Es schmerzt mich, daß ich mich nicht selbst um meinen alten Hirten kümmern konnte. Eigentlich war es gegen unsere Grundsätze, daß ich ihn ins Krankenhaus gebracht habe; wir sollen ja eigentlich die Patienten dort behandeln, wo sie leben, falls wir überhaupt eine Diagnose stellen können – was jedoch meistens der Fall ist.
Als ich in den fünfziger Jahren meine ärztliche Tätigkeit in Kenia aufnahm, hat mich eine Erfahrung in diesem Grundsatz bestätigt. Ich ordinierte damals auf meiner Farm und wurde zu einer Frau mit hohem Fieber und star-

ken Lähmungserscheinungen gerufen, die alle Anzeichen einer Meningitis aufwies. Unsicher, wie ich damals war, brachte ich sie in die nächstgelegene Stadt, nach Nakuru, ins Krankenhaus. Das medizinische Personal bestand noch ausschließlich aus Europäern.

»Das ist eine Meningitis«, sagte ich zu dem jungen Assistenzarzt, der die Patientin übernahm. »Man muß ihr gleich Antibiotika geben.«

»Ja, ja«, antwortete er leichthin, »wir werden sehen.«

Mir war damals noch nicht klar, daß solche ganz von ihrer wissenschaftlichen Forschung eingenommenen Ärzte in der Stadt nichts auf die Meinung irgendeiner Landärztin geben. Sie nahmen die verschiedensten komplizierten Untersuchungen an ihr vor, doch inzwischen war die Patientin einfach gestorben. Wenn ich ihr gleich an Ort und Stelle die verfügbaren Antibiotika gegeben hätte, hätte sie bessere Überlebenschancen gehabt. Das war mir eine wichtige Lehre.

Meine Tour ist für diesmal zu Ende. Die zwei Flugstunden bis Nairobi nutze ich dazu, im Geist Bilanz zu ziehen. Bis zum Ende des Jahres werde ich in diesem Bezirk mehr als tausend Patienten besucht und siebenhundert Impfungen vorgenommen haben. Innerhalb von fünfundzwanzig Jahren habe ich dann zweihundert Rundflüge absolviert. Keiner war wie der andere, und die nächsten werden wieder anders sein. Ich werde andere Krankenschwestern, andere Ärzte sehen. Das medizinische Personal wechselt häufig; entweder hat es nur kurzfristige Arbeitsverträge oder es hält die Beschwerlichkeiten, die Hitze und Einsamkeit nicht aus. Ich werde anderen Krankheiten, anderen Launen des Klimas begegnen. Drei Monate später werden anhaltende Regenfälle es mir unmöglich machen, auf den aufgeweichten Pisten von Dukana und Maikona zu landen. In Ileret werden die Fälle von Tuberkulose, Rheumatismus und Fehlernährung sprunghaft zugenommen haben, und zu allem Überfluß wird wochenlang kein Pfleger verfügbar sein. In North Horr wird sich meine gewohnte Landebahn in einen Bach verwandelt haben, so daß ich eine andere, weiter entfernte Piste benutzen muß.

Ich liebe die Stunden, die ich im Schatten des Flugzeugs oder unter einem Baum, vor einem kleinen, mit Medikamenten beladenen Tisch verbringe. Die Menge drängt sich um mich und nennt mich »Mama Daktari«, Frau Doktor auf Swahili, manchmal noch mit dem Zusatz »N'Dege«, »mit dem Flugzeug« oder »mit dem Vogel«; es bedeutet das gleiche. Zahllose Kinder wuseln herum, bis Schwestern und Pfleger sie schnappen, um sie zu impfen. Die Mütter zeigen die zerknitterten, schmutzigen, aber ordnungsgemäßen Impfbescheinigungen vor. Jeder schaut dem anderen über die Schulter und hört jedes Wort mit, um nur ja nichts zu verpassen. Oft kann man sich in diesem Tumult weder konzentrieren noch bewegen, dann werde ich laut und spiele Polizei. Der Gedanke des Schlangestehens ist diesen Menschen völlig fremd. Manche versuchen, ein zweitesmal dranzukommen, um nur ja möglichst sicher zu sein oder um noch etwas mehr von jenen Zauberpillen zu bekommen, die ich, in Papiertüten verpackt, verteile. Auf jede Tüte schreibe ich Symbole für die Dosierung: fünfmal untereinander zwei kleine Kreise

bedeuten fünf Tage lang zwei Tabletten täglich. Das funktioniert hervorragend.
Die Malariawelle in Maikona macht mir Sorgen. Diese Krankheit ist der Schrecken der Tropenmedizin, und den Menschen im Westen ist nicht bewußt, daß sie die größte Geißel der Menschheit darstellt. Nach Angaben der Weltgesundheitsorganisation leiden hundert Millionen Menschen daran, pro Jahr sterben zwei Millionen. Aufklärung ist unsere einzige Waffe. Wir bemühen uns, die Menschen dazu zu bringen, daß sie Moskitonetze verwenden, wenigstens für die Kinder, die am gefährdetsten sind (die weibliche Anophelesmücke, welche die Krankheit überträgt, sticht ausschließlich nachts; es hilft also, wenn man unter dem Netz schläft), und sie müssen auch lernen, die Tümpel zuzuschütten und den Boden trockenzulegen, damit die Pfützen um die Hütten verschwinden.
Es ist nicht leicht, Menschen zu überzeugen, die nicht gerne ihre Gewohnheiten ändern. Eines Tages kamen Gesundheitsberater in ein Dorf, um den Ansteckungsvorgang zu erklären. Zur Unterstützung ihrer Darstellung projizierten sie die vergrößerte Fotografie eines stattlichen Moskito auf eine Leinwand. Am Ende des Vortrags erhob sich der Dorfälteste, um sich zu bedanken:
»Das ist alles sehr interessant. Aber sehen Sie, uns betrifft das eigentlich gar nicht, denn bei uns gibt es keine so großen Moskitos.«
Am Mittwoch um siebzehn Uhr lande ich auf Bahn 07 des Wilson Airport in Nairobi. Im Büro wartet schon ein Riesenstapel Post auf mich, die zu beantworten mir immer die Zeit fehlt. Berichte sind abzufassen, Formulare auszu-

füllen und Listen zu unterzeichnen. Von den Engländern haben die Kenianer die Liebe zum Papierkrieg geerbt, den sie mit Wonne fördern. »Not my cup of tea«, das ist nichts für mich. Zwei Tage noch, dann werde ich wieder zu meinem Refugium, meiner Farm in Subukia, zurückkehren.

KAPITEL II

Zwischen Aden und Addis

Spoerry ist ein schweizerischer Name; die Spoerrys stammen ursprünglich aus Fischenthal im Kanton Zürich und haben sich gegen Ende des Mittelalters in Männedorf, einer Kleinstadt am Nordufer des Zürichsees, niedergelassen. Mein Urgroßvater, Henry Spoerry, war ein Wohltäter der Gemeinde; er haßte den Alkohol und die Trinker – die offenbar recht zahlreich waren – und kaufte darum mit großem Eifer Kneipen auf, um sie in andere, ehrbarere Betriebe umzuwandeln. Aus der übelsten Kaschemme machte er ein Altersheim, das heute noch besteht. In Anerkennung seiner Verdienste ernannte ihn die Stadt zum Ehrenbürger, ein Privileg, das sich auf alle seine Nachkommen erstreckt. Männedorf ist verpflichtet, uns auf unsere alten Tage sorgenfrei zu halten. Es gibt also auf dieser schnöden Welt wenigstens einen Ort, an dem ich sicher sein kann, Zuflucht zu finden.

1840 machte sich dieser Urgroßvater die beginnende industrielle Revolution und die zunehmende Mechanisierung in der Fertigung zunutze und baute im Elsaß eine Textilfirma auf, die schnell zu einem blühenden Unternehmen wurde. In Mülhausen ließ er in der Rue du Sundgau, an einem Hügel, von dem aus man einen schönen Blick auf die Stadt hat, einen herrlichen Wohnsitz im englischen Stil erbauen. Dort bin ich mit meinem Bruder und meinen beiden Schwestern aufgewachsen. Der große, mit Buchen und hundertjährigen Zedern bestandene Park hat unsere ersten Schritte und unsere Kinderspiele gesehen.

Nach der Annexion des Elsaß im Jahr 1871 konnte meine Familie, deren Angehörige als Schweizer galten, ihre Fabriken auf nunmehr deutschem Territorium weiter betreiben.

Bei Kriegsausbruch 1914 wurde mein Vater als Artillerieoffizier zur Schweizer Armee eingezogen, bei der er zuvor seinen Militärdienst abgeleistet hatte. Alle Welt dachte damals, daß dieser Krieg nicht lange dauern würde; 1915 aber, als sich schon abzeichnete, wie sich die Dinge entwickeln würden, hielt mein Vater es für richtiger, auf der Seite Frankreichs zu kämpfen. Er trat also in die Fremdenlegion ein, da er ja Schweizer war; doch für die Armee galt er als Elsässer, hiemit Franzose, und er wurde zum 54. Artillerieregiment versetzt. Dort hat er den ganzen Krieg an dessen blutigsten Schauplätzen mitgemacht – Verdun, Chemin-des-Dames –, ohne jemals verwundet zu werden: ein phantastisches Glück bei einem Regiment, welches sehr schwere Verluste hinzunehmen hatte. 1919 allerdings wäre er beinahe an der berüchtigten Spanischen Grippe gestorben.

Nach dem Friedensschluß nahm er die Leitung seiner Geschäfte in Mülhausen wieder auf, die er nach dem Tod seines Vaters sehr jung hatte übernehmen müssen: Er hatte damals sein Mathematikstudium an der Universität Zürich abgebrochen und war für ein Jahr in die USA gegangen, um das Baumwollgeschäft zu erlernen. Mein Va-

ter war jedoch ein sehr guter Mathematiker geblieben: Im Krieg hatte er Tabellen ausgearbeitet, mit deren Hilfe die Artilleriegeschütze besser ausgerichtet werden konnten.
Meine Mutter, Jeanne Schlumberger, war 1914 mit meinem damals knapp dreijährigen Bruder François nach Cavalaire an der Côte d'Azur geflüchtet. So führten die Wechselfälle des Krieges dazu, daß ich am 13. Mai 1918 in Cannes zur Welt kam. Die Gegend um Cavalaire war damals noch sehr ländlich, und meine Mutter wollte, weil es sicherer und bequemer war, lieber in einer großen Stadt entbinden; meine Eltern mieteten aus diesem Anlaß die Villa Saint Honorat an der Croisette in Cannes. Die Fenster ihres Schlafzimmers, in dem meine Wiege stand, blickten aufs Meer, und so habe ich schon sehr früh jenes Mittelmeer zu Gesicht bekommen, für das ich seither immer eine besondere Vorliebe bewahrt habe.
Diese Neigung teilten meine Eltern; nach dem Krieg machten sie es sich zur Gewohnheit, jedes Jahr zu Ostern und im Sommer nach Cavalaire zu fahren. Wir wohnten damals im Hotel von Pardigon, einem plumpen Gebäude am Ende einer langen Palmenallee, umgeben von riesengroßen Olivenbäumen, in denen ich wie ein Affe herumkletterte. Ich liebte diesen Ort, der von den Defagos, einer Schweizer Familie, bewirtschaftet wurde. Heute gibt es dort nur noch die Palmenallee; das Hotel wurde abgerissen, um einem modernen Wohnkomplex Platz zu machen.
Dann bekam die Familie Zuwachs: 1923 und 1925 wurden meine Schwestern Thérèse und Martine geboren, Anlaß für meinen Vater, an den Bau eines Ferienhauses zu den-

ken. Bereits 1923 hatte er ein Grundstück am Meer, ganz nahe beim Hotel, gefunden. Er wollte keine Villa im mediterranen Stil mit Patios und Arkaden haben, wie sie damals in Mode waren, sondern ein richtiges provencalisches Landhaus. Ein Architekt aus Saint-Raphaël wurde beauftragt, die Pläne zu zeichnen, assistiert von meinem Bruder François, der sich bereits als Sechzehnjähriger für Architektur interessierte. Der Beruf, der ihm damals vorschwebte, war jedoch ein anderer: Er wollte zur Marine. Also bereitete er sich auf die Seemannsschule vor und organisierte für sich eine Überfahrt nach New York auf der »Jacques Cartier«, dem Kadettenschulschiff der Handelsmarine; später jedoch hinderte ihn ein leichter Sehfehler daran, diese Karriere weiterzuverfolgen, die er im übrigen ohne Bedauern aufgab, da ihm klar geworden war, daß die Marine mehr Alltag als Abenteuer zu bieten hatte. Er entschied sich endgültig für die Architektur, und dreißig Jahre später war ihm seine Doppelberufung als Seemann und Architekt bei der Planung von Port-Grimaud im Golf von Saint-Tropez von Nutzen.

Es mag selbstverständlich erscheinen, daß man seinen Vater bewundert, aber wir hatten wohl besonderen Grund dazu. Er war groß, sah sehr gut aus und war außerordentlich liebenswürdig. Wie sein Großvater hieß er mit Vornamen Henry, aber alle nannten ihn »Papo«. Wir sahen in ihm weniger den Großindustriellen als vielmehr einen vielseitig gebildeten Mann, einen profunden Kenner antiker Sprachen und brillanten Hellenisten. Als Jugendliche sind wir mit ihm durch Griechenland gereist, er hat unseren

Wissensdurst angeregt, uns die Liebe zum Meer und die Freude am Reisen vermittelt.

Da er sehr anglophil war, war es ihm ein Anliegen, daß seine Kinder das Englische perfekt beherrschen sollten. In Mülhausen hatten wir eine englische »Miss«, welche uns die Sprache Shakespeares beibringen sollte, die wir sogar bei Tisch zu sprechen hatten. Ich war anscheinend schon mit fünf Jahren ganz gut darin.

Mein Vater liebte Antiquitäten und wünschte sich, daß ich später in Oxford Kunstgeschichte studieren sollte. Um meine britische Erziehung zu vervollständigen, und vielleicht auch, weil ich in Mülhausen nicht eben eine Musterschülerin war, schickte er mich von 1932 bis 1934 nach London, wo ich zur Schule ging und in einem kleinen Internat (wir waren nur zwanzig Mädchen) am West Eaton Place unweit des Sloane Square wohnte. Den Aufenthalt dort empfand ich nicht als Strafe, ganz im Gegenteil: Die englische Lebensart behagte mir sehr, wir hatten viel Spaß und trieben allerhand Unfug. So rief eine meiner Freundinnen einmal bei einem Leichenbestatter an und bestellte einen Sarg für unsere Direktorin. Da das Internat in einem Privathaus untergebracht war, schöpfte niemand Verdacht, und der Sarg wurde der armen Frau auch prompt zugestellt. Man kann sich vorstellen, wie entsetzt sie dreinschaute, zum großen Vergnügen meiner Freundin, die sich in der Nähe versteckt hatte, um die Szene zu beobachten.

Nach meiner Rückkehr ging ich wieder in Mülhausen zur Schule, in die vierte Klasse des Gymnasiums. Ich war natürlich sehr gut in Englisch, aber ich hatte Latein aufgegeben und lernte statt dessen nun Deutsch, eine Sprache, für die ich nicht allzu viel Sympathie empfand. Meine Eltern beherrschten sie, sie hatten ja zur Zeit der deutschen Besetzung des Elsaß Deutsch lernen müssen. Meine Mutter gehörte zu jener Generation, in der die Mädchen zu Hause unterrichtet wurden; jedes Jahr kamen deutsche Inspektoren, um ihren Lernfortschritt zu überprüfen, und vor allem, um sich davon zu überzeugen, daß auch wirklich die Sprache der Germanen gesprochen wurde. Nach dem Waffenstillstand von 1918 aber hatten wir das Deutsche in unserem Haus in Vergessenheit geraten lassen; nun mußte ich mich wohl oder übel damit abgeben. In Mülhausen hatte ich zwar Kontakt zu Leuten, die Elsässerdeutsch sprachen, und in Männedorf hörte ich Schweizerdeutsch, aber das verwirrte mich eher: Kurz und gut, ich bin beim ersten Versuch durchs Abitur gefallen, und daran war vor allem meine Schwäche im Deutschen schuld.

Um die Scharte auszuwetzen, wurde ich in den Ferien in ein schweizerisches Dorf im Oberen Engadin geschickt, wo ich beim Pastor und seiner Familie wohnte, die Rätoromanisch sprachen und vor allem ein ausgezeichnetes Deutsch. Es war kalt und schneite viel; ich fuhr ein wenig Ski, aber in erster Linie nahm ich bei der Pfarrersfrau Nachhilfestunden und konnte mir so binnen kurzer Zeit die Kenntnisse erwerben, an denen es mir mangelte. Das Pfarrhaus war ein großes Chalet mit Wohnräumen im oberen Stockwerk; im Erdgeschoß war das Vieh untergebracht, das durch seine bloße Anwesenheit als Heizung für das Haus diente.

Die akademische Laufbahn, die mein Vater sich für mich vorstellte, reizte mich wenig. Ich war mit meinem Bruder zusammen aufgewachsen und hatte bei all seinen Spielen mitgemacht; an mir war ein richtiger Junge verlorengegangen. Viele Tage haben wir mitsammen auf dem Wasser verbracht, auf dem Zürichsee an Bord eines winzigen Segelbootes, das passenderweise »La Coquille«, die Nußschale, hieß, und später, in Cavalaire, auf einem größeren Boot. Es machte uns großen Spaß, die Felsen möglichst knapp zu umschiffen – und oft genug auch die Katastrophe. Zu Ostern war das Wetter nicht immer gut, manchmal gab es schwere Stürme mit hohen Wellen, und eines Nachts trug eine solche Welle das Boot fort, da wir es nicht weit genug hochgezogen hatten. Am nächsten Morgen fanden wir es unversehrt wenige Meter von den Klippen entfernt wieder, wo es wie durch ein Wunder von seinem Dregganker festgehalten wurde.

Ich interessierte mich ziemlich früh für Medizin: Schon als kleines Mädchen öffnete ich meiner Stoffpuppe den Bauch, führte einige Operationen durch und nähte sie dann sorgfältig wieder zu. Aber noch war das bloß ein vager Impuls; den Entschluß, Medizin zu studieren, faßte ich erst gegen Ende meines letzten Schuljahres, das ich in Straßburg verbrachte. Ich hatte mir eine böse Virushepatitis zugezogen und erschien zum Abitur mit einer interessanten gelben Gesichtsfarbe. Eine Freundin unserer Familie, Françoise Dautheville, Assistenzärztin im Krankenhaus in Straßburg, behandelte mich, und ihr habe ich auch erstmals meine Pläne anvertraut. Damals war die medizinische Laufbahn keine so selbstverständliche Wahl für eine Frau wie heute, und ich brauchte Unterstützung für mein Vorhaben. Françoise bestärkte mich zwar in meiner Idee, aber meinen Eltern sagte ich einstweilen noch nichts davon. Nach dem Abitur, im September 1937, ging ich nach Paris, um mich an der naturwissenschaftlichen Fakultät auf das PCB vorzubereiten, das Examen in Physik, Chemie und Biologie, das damals verpflichtend für das Medizinstudium war, aber auch zu anderen Fachrichtungen hinführte. Damit hatte ich mich ja noch nicht festgelegt. Während der Weihnachtsfeiertage, die ich bei meiner Familie verbrachte, unterhielt ich mich einmal mit einem Nachbarn, der sich erkundigte, welchen Beruf ich ergreifen wollte, und ich erwiderte, daß mich die Medizin sehr reize. Ohne zu ahnen, daß meine Eltern davon nichts wußten, erzählte er ihnen von unserem Gespräch. Sie waren sehr erstaunt, nicht darüber, daß ich Ärztin werden wollte, sondern daß ich ein solches Geheimnis daraus gemacht hatte: Sie hatten keinerlei Einwände, ganz im Gegenteil.

Während der Osterferien 1938 unternahm ich mit einer Gruppe von mehreren jungen Frauen, die bereits im Krankenhaus arbeiteten, meine erste große Reise, eine zweiwöchige Kreuzfahrt auf dem Mittelmeer. Ich, die noch das PCB vor sich hatte, war der Benjamin der Bande. Wir reisten mit der »Champlain«, einem großen Ozeandampfer, aus Ersparnisgründen im Unterdeck, dort, wo man die Auswanderer unterbrachte; wir konnten uns aber im ganzen Schiff bewegen und nahmen die Mahlzeiten im selben Speisesaal ein wie alle anderen.

Wegen des schlechten Wetters gingen wir nicht, wie vorge-

sehen, in Nordafrika an Land, sondern reisten direkt nach Beirut und dann nach Syrien (das damals französisches Mandatsgebiet war), wo eine von uns, die Ärztin Claude Seyrig, einen Cousin hatte, der die französische Schule für Archäologie leitete. Mit dem Auto fuhren wir in die Bekaa-Ebene und nach Damaskus, und schließlich erreichten wir nach einer Nachtfahrt Tadmur, wo wir in der Morgendämmerung beim großen Sonnentempel eintrafen. Nach einem Tanzabend mit Spahi-Offizieren besuchten wir Homs, wo riesige Elevatoren das Wasser des Orontes heben, um die Plantagen zu bewässern, und die berühmte Kreuzritterburg Krak des Chevaliers, bevor wir in Aleppo wieder an Bord des Schiffes gingen, das uns nach Ephesos an der türkischen Küste brachte. Von da aus ging es weiter nach Griechenland: Athen, Delos, Mykonos und Santorin; und schließlich kehrten wir nach Marseille zurück. Auch im folgenden Jahr, zu Ostern 1939, waren wir wieder in Griechenland, und für Ostern 1940 war Petra in Jordanien geplant. Die Geschichte hat es anders entschieden.
Diese ersten Reisen haben mich sehr geprägt, denn dadurch wurde mir klar, wie sehr ich mich zu den Wüsten und zu den Kulturen des Orients und des Südens hingezogen fühlte. Vor allem haben sie mir später geholfen, die schreckliche Zeit im Gefängnis und in den Lagern zu überstehen. Immer wenn ich an meinem Überleben zu zweifeln begann, sagte ich mir, daß ich ja schließlich schon viel Schönes gesehen hatte, daß mein Leben nicht völlig verpfuscht war, daß ich trotz allem ein wenig von dieser Welt gehabt hatte. Das hob meine Moral und half mir, durchzuhalten.

Nach einem Jahr legte ich das PCB ab; ich hatte die Zeit in einer Pension in der Rue Denfert-Rochereau verbracht, von der mir nichts in Erinnerung geblieben ist, außer daß ich dort gefroren habe und das Essen schlecht war. Bei Studienbeginn zog ich dann mit meinem Bruder zusammen; wir wohnten in einem kleinen Appartement am Quai Voltaire, in der Nähe der Académie des Beaux-Arts, an der François Architektur studierte, und der medizinischen Fakultät, an der ich Kurse belegte. Nach Beendigung meines ersten Jahres als Famulantin in der neurochirurgischen Abteilung des Krankenhauses La Salpêtrière fuhr ich zu meinen Eltern nach Cavalaire in die Ferien, und dort berichtete uns Anfang September 1939 einer unserer englischen Freunde, ein Offizier der Royal Air Force, daß der Krieg erklärt worden war. Meine Eltern beschlossen, mit meinen beiden jüngeren Schwestern in Pardigon zu bleiben, während ich zurück nach Paris ging, um mein Studium fortzusetzen. François war eben mit vier Freunden von der Kunstakademie in Griechenland, an Bord einer kleinen Segelyacht, der »Colibri«; nicht als Tourist, sondern im Auftrag des nationalen Bildungswesens: Es ging darum, die charakteristischen Elemente der volkstümlichen einheimischen Baukunst festzuhalten und Zeichnungen davon anzufertigen. Die Reise gestaltete sich zu einer wahren Odyssee: Nach zahlreichen Zwischenaufenthalten in italienischen Häfen konnten die Architekturstudenten den Kanal von Korinth nicht durchqueren, weil er nach einem Erdbeben unpassierbar war, und mußten mit Hilfe provisorischer Karten den Peloponnes bis nach Athen umschiffen. Nach ihrem Weg durch die Kykladen

ankerte die »Colibri« vor Santorin, wo der eben ausbrechende Vulkan einen herrlichen Anblick bot. Dort erfuhren François und seine Freunde vom Kriegsbeginn.
Um dem Mobilmachungsaufruf zu folgen und zu ihren Einheiten zu gelangen, mußten sie ihre Yacht griechischen Freunden überlassen, die sie nach Athen bringen sollten. Diese erlitten jedoch Schiffbruch, und die »Colibri« sank; glücklicherweise kamen keine Menschen ums Leben, aber ein Großteil der Notizen und Zeichnungen, die auf der Rundreise gesammelt worden waren, war verloren.
Nach seiner Rückkehr nach Frankreich war François zunächst Ausbilder für Pioniere in der Kaserne von Angers und ging dann nach Versailles, um seine Offiziersausbildung zu vollenden. Bis zum Waffenstillstand kämpfte er an der Somme und führte dann nach seiner Entlassung aus dem Militärdienst an der Kunstakademie in Marseille sein Studium weiter, das er 1942 mit dem Diplom abschloß. Das Projekt, das er vorstellte, war – wie sollte es anders sein – eine Schiffswerft.

Mitte Juni 1940 marschierten die deutschen Truppen in Paris ein, das von der Regierung aufgegeben und von vielen seiner Einwohner fluchtartig verlassen worden war. Die Überlebenden dieser Zeit wissen, wie demütigend es war, die Soldaten Hitlers auf den Champs-Élysées und der Place de la Concorde paradieren zu sehen. Am meisten schmerzten mich die riesengroßen Hakenkreuzflaggen, die überall angebracht waren: auf dem Arc de Triomphe, an den Hausfassaden der Rue de Rivoli, auf allen Gebäuden, in denen die Deutschen ihre Hauptquartiere einrichteten.

Ich hatte indes mein Studium und meine Arbeit im Krankenhaus fortgesetzt. Nachdem sie von ihrer sinnlosen Flucht zurückgekehrt waren, versuchten die Pariser, mit einer Besatzung leben zu lernen, die sie in ihren schlimmsten Träumen nicht erwartet hatten. Mir schien es, daß die meisten sich mit der einzigen Waffe verteidigten, die ihnen geblieben war: dem Desinteresse. Die Deutschen wurden einfach ignoriert, man tat so, als sehe man sie nicht, als seien sie durchsichtig. Sie verstanden es jedoch sehr wohl, ihre Gegenwart bei jeder Gelegenheit bemerkbar zu machen.

Wenn ich an jene Zeit zurückdenke, so scheint es mir, als wären wir anfangs wie benommen gewesen, als sei uns der Himmel auf den Kopf gefallen. Unter einer fremden Besatzungsmacht zu leben und unserer grundlegenden Freiheiten beraubt zu sein, das war eine völlig neue Erfahrung für uns, und es fiel uns schwer, uns daran zu gewöhnen. Es brauchte seine Zeit, bis wir auf diese tiefe Erschütterung unseres Lebens reagieren konnten. Als hätte mein Gedächtnis damals partiell ausgesetzt, ist mir vor allem die Erinnerung an lächerliche Details geblieben, an Schikanen und kleine Ärgernisse.

In der Nähe des Palais du Luxembourg kommt eine junge Frau auf mich zu und bietet mir verstohlen Zucker an. Der Schwarzmarkt war sehr schnell allgegenwärtig geworden. Ich stimme dem Handel zu, sie hält mir eine Papiertüte mit weißem Pulver hin; ich koste – es ist tatsächlich Zucker. Ich bezahle sie, stecke das Päckchen in die Gepäcktasche meines Fahrrades und radle in die Rue de Rivoli zur Buchhandlung Smith, vor der ich das Fahrrad an die Mauer lehne. Als ich aus dem Laden komme, ist das Rad umgefallen, und der Inhalt der Tüte hat sich in der Gepäcktasche verteilt. Das weiße Pulver scheint anders auszusehen als vorher, und ich koste noch mal: Salz! Es war nur ein bißchen Zucker oben auf dem Päckchen, um mich zu täuschen. Ein klassischer Trick, der mir allerdings noch neu war.

Voller Wut, daß ich mich habe hereinlegen lassen, radle ich zurück über die Seine und finde das Mädchen, das noch auf der Suche nach anderen Dummen ist. Nach einer heftigen Auseinandersetzung erhalte ich mein Geld zurück und behalte zur Vergeltung das Salz.

Es ist Abend; ich komme aus der Salpêtrière, in der Gepäcktasche meines immer präsenten Fahrrades eine große Flasche mit reinem Alkohol, aus dem ich einen ausgezeichneten Gin herstelle, um meine Freunde bewirten zu können. Da passiert es: Ein französischer Polizist spricht mich an, öffnet die Tasche und findet die Flasche. Ein schweres Vergehen, aber ich verteidige mich so überzeugend, wie ich nur kann:

»Sie sehen doch, daß ich aus dem Krankenhaus komme. Ich bin Medizinstudentin und muß Patienten in der Stadt besuchen. Ich brauche den Alkohol für die Behandlung.«

Der Polizist scheint nicht überzeugt, er wirkt sogar ziemlich ironisch. Aber er läßt mich ungeschoren:

»Geht in Ordnung. Das Zeug interessiert uns sowieso nicht. Heute abend suchen wir nach Waffen.«

In der Nähe der medizinischen Fakultät bin ich zu Fuß auf dem Heimweg in meine Wohnung am Quai Voltaire. Ich trage ein großes Paket mit Büchern. Ein Polizist in Zivil hält mich an und verlangt, daß ich das Paket öffne. Die Bücher purzeln zu Boden. Der Mann entschuldigt sich, hilft mir, sie aufzuheben, nimmt die, die ich nicht tragen kann, und bietet mir an, mich nach Hause zu begleiten. Ich glaube nicht, daß er das aus reiner Höflichkeit tut: Er will sicher überprüfen, ob ich wirklich da wohne, wo ich es behauptet habe. Eine Person, die so viele Bücher trägt, muß in seinen Augen verdächtig sein.

Als einziges Mitglied meiner Familie lebte ich noch in der besetzten Zone, und es war gar nicht leicht, meine Angehörigen zu besuchen. Als Mitglied des medizinischen Personals hatte ich zwar entsprechende Ausweise, mit deren Hilfe ich mich leichter im Land bewegen konnte als meine Mitbürger, doch die Demarkationslinie durfte ich damit nicht überschreiten. Dafür brauchte es Umwege, die bezahlte Hilfe von Menschenschmugglern und Tausende nicht ungefährliche Tricks. Dabei habe ich mein Glück oft aufs Spiel gesetzt.

Unter diesen ziemlich abenteuerlichen Bedingungen gelang es mir im Sommer 1941, zu meinen Eltern und meinen beiden Schwestern zu kommen, die immer noch in Cavalaire waren. Zurück reiste ich von Toulon aus mit dem Zug nach Brive, wo ich mich mit Claude Seyrig und ihrem Mann verabredet hatte, die mich im Auto nach Paris mitnehmen wollten. Ich mußte Benzin mitbringen, das streng rationiert war – falls überhaupt welches zu bekommen war in der sogenannten freien Zone. Oder besser: in der nicht besetzten Zone, der *zone non occupée* – wir nannten sie kurz »zone nono«.

In meinem Rucksack hatte ich zwei sorgfältig eingewickelte Fünf-Liter-Kanister verstaut. Ich kam früh genug am Bahnhof von Toulon an, um noch leere Abteile vorzufinden, legte meinen Rucksack ins Gepäcknetz und setzte mich ins Abteil daneben; falls man meine Kanister entdeckte, würde wenigstens niemand wissen, wem sie gehörten, war es doch streng verboten, Benzin mit sich zu führen. Während der Fahrt ging ich von Zeit zu Zeit in den Gang, um heimlich ein Auge auf meine Fracht zu werfen, nervös wegen des Benzingeruchs, der sich in der Wärme langsam ausbreitete; aber keiner der Fahrgäste schien etwas zu bemerken. Bei der Ankunft wartete ich, bis der Waggon ganz leer war, und holte dann meinen Rucksack.

Auf dem Bahnsteig gab es schon wieder Grund zur Beunruhigung: Niemand war da, um mich abzuholen, wie es verabredet war. Ratlos setzte ich mich auf die Treppe vor dem Bahnhof. Claude war normalerweise sehr pünktlich; diese Verspätung ließ düstere Gedanken in mir aufsteigen. Ich fragte mich, was aus mir werden sollte in dieser fremden Stadt, ganz allein mit meinen Kanistern. Mit großer Erleichterung sah ich schließlich den Simca 5 meiner Freunde, die sich bloß ein wenig verfahren hatten. Das kleine Auto hatte eigentlich nur zwei richtige Sitzplätze; da ich damals noch recht dünn war, konnte ich es mir hinten zwischen den Benzinvorräten mehr schlecht als recht bequem machen. Claude und ihr Mann hatten eine Fahrtroute ausgearbeitet, die an den Straßensperren vorbeiführte, und so erreichten wir ohne Zwischenfälle die Loire, die Grenze zur besetzten Zone, wo die Deutschen unsere Papiere kontrollierten. Kein Problem, die Ausweise waren in Ordnung, wir konnten durch. Unsere Kraftstoffreserven waren ziemlich am Ende, und wir fragten ganz frech, ob wir vielleicht ein bißchen Benzin bekommen könnten, wenn es nicht zu viele Umstände mache.

»Aber sicher«, antworteten die Soldaten freundlich, »die Zapfstelle ist da drüben. Sie können so viel kaufen, wie Sie wollen.«

Das war zu Beginn des Krieges, als sich die Besatzungsmacht noch sicher fühlte. Dann aber kam die Zeit des Kampfes und der Prüfungen. François hatte Kontakt zu Dr. Jean Bernard aufgenommen, der für verschiedene Abteilungen der Résistance im Süden verantwortlich war und später ein berühmter Professor und Akademiemitglied wurde. Sein Netz stand in Verbindung mit dem des Colonel Maurice Buckmaster, Leiter der französischen Abteilung des »Special Operation Executive« (SOE) in London; Churchill selbst hatte bereits im Juli 1940 diese von Armee und Geheimdienst unabhängige Organisation aufgebaut. Buckmaster organisierte Sabotageakte, Fallschirmeinsätze und Geheimdienstaktivitäten seiner Agenten in Frankreich; die von ihm rekrutierten Männer mußten mit dem Fallschirm über Frankreich abspringen und ins besetzte Gebiet eindringen; ein Drittel dieser Einheit bestand aus Franzosen und Franco-Engländern, die anderen kamen aus England, Mauritius, Kanada oder Amerika, mußten aber selbstverständlich perfekt Französisch sprechen.

Von 1941 bis 1944 hat das »Buck«-Netzwerk 366 Offiziere mit dem Fallschirm abgesetzt; etwa viertausend Menschen haben wie mein Bruder und ich in Frankreich für den SOE gearbeitet.

Unsere Aufgabe bestand darin, Landeplätze für die Fallschirmspringer zu suchen, die Männer dann in Empfang zu nehmen und zu verstecken. Wir mußten auch Landemöglichkeiten für die Lysander ausfindig machen, federleichte kleine Holzflugzeuge, die in der Lage waren, auf provisorischen Pisten niederzugehen und außer dem Piloten nur zwei Passagiere transportieren konnten. Durch diese Aktionen wurden die Widerstandskämpfer mit Waffen und Sprengstoff versorgt und Agenten evakuiert, die ihre Mission erfüllt hatten.
Hitler war sich der Schlagkraft dieser Agentennetze wohl bewußt. Es heißt, daß auf der schwarzen Liste der Personen, die im Falle einer Invasion Englands als erste zu eliminieren gewesen wären, Buckmaster an dritter Stelle stand. Das Schicksal hat anders entschieden: Der Colonel starb im April 1992 friedlich im Alter von neunzig Jahren.
François hatte sein Architekturbüro im »Hôtel d'Espagnet« eingerichtet, einer großen Villa am Cours Mirabeau in Aix-en-Provence. Das Haus diente als Unterschlupf, und hinter falschen Balken wurden Waffen versteckt. Er gab vor, ein Buch über traditionelle Architektur in der Provence schreiben zu wollen, was ihm einen ausgezeichneten Vorwand lieferte, um kreuz und quer durch die Gegend zu fahren, ohne Verdacht zu erwecken. Ich war in Paris für den Empfang und die Unterbringung der Fallschirmspringer aus London zuständig und hatte die Funktion einer Verbindungsagentin. Besser als ich es könnte, hat Jean Bernard in seinem Buch »C'est de l'homme qu'il s'agit« ausführlich beschrieben, was diese

Jahre der Leidenschaft und Angst für uns bedeuteten; unsere verwegenen Aktionen, das beängstigende Gefühl, daß das Netz sich im Laufe der Monate um uns zusammenzog.

Wie in allen Widerstandsbewegungen gab es Unvorsichtigkeit und Verrat. Am 17. April 1943 wurde François in Aix verhaftet, einige Tage später nahm man mich auf meiner Station im Hérold-Krankenhaus fest. Wir waren mehrere Monate in Fresnes inhaftiert, dann wurde François in verschiedene Lager deportiert, Buchenwald, Dora und schließlich Dachau, wo er von den Landungen in der Normandie und in der Provence erfuhr. Erst im Mai 1945 wurde er von alliierten Truppen befreit.

Ich selbst kam ins KZ Ravensbrück und wurde dort am 25. April 1945 befreit, als das Schwedische Rote Kreuz auf Intervention des Grafen Bernadotte das Lager auflöste. Das war fünf Tage vor Hitlers Selbstmord.

Über das, was in Ravensbrück geschehen ist, wird in Germaine Tillions Buch »Ravensbrück« alles gesagt. Dem habe ich nichts hinzuzufügen.

Im Herbst 1944 wurden meine verzweifelten Eltern von einem weiteren Schicksalsschlag getroffen. Da sie von der bevorstehenden Landung in der Provence wußten, hatten die Deutschen beschlossen, alles zu zerstören, was den alliierten Truppen als Stützpunkt dienen könnte. Unser Landhaus in Pardigon, fünfzig Meter vom Strand von Cavalaire entfernt, gehörte dazu. Meine Familie wurde einige Zeit vorher davon in Kenntnis gesetzt und erhielt die Erlaubnis, das Haus auszuräumen und alles mögliche mitzunehmen: Möbel, Türen, Fenster, die sanitäre Einrichtung.

Das alles wurde zu Verwandten gebracht und konnte später wiederverwendet werden. Dann rückten die Deutschen dem Landhaus mit Sprengstoff zu Leibe. Es war sehr solide gebaut, und sie hatten die größte Mühe, es dem Erdboden gleichzumachen. Die Rache des Schicksals wollte es, daß die Amerikaner, die am 15. August kamen, aus dem Schutt einen vortrefflichen Fahrweg für die Landungsmaschinerie errichteten.
Mein Vater bewahrte sorgfältig alle Anschlagzettel und Wegweiser auf, die die Alliierten auf ihrem Vormarsch anbrachten, und als das Haus wieder aufgebaut wurde, placierten wir sie unter einem Schutzdach im Hof, wo sie sich heute noch befinden, als eindringliche Erinnerung an die Landung in der Provence.

Der Wiederaufbau von Pardigon war für uns alle Symbol für den Neubeginn, für einen Aufbruch in ein anderes Leben, das uns wie ein unerwartetes Geschenk gegeben zu sein schien. François widmete dem Bau seine ganze wiedergewonnene Energie und sein Talent als Architekt. Dann schloß er endgültig das Register der dunklen Jahre ab, indem er den Entschluß faßte, eine Familie zu gründen: Er heiratete Joy, eine der Töchter von Antonin Besse, unserem Nachbarn in Cavalaire.
Der in Carcassonne geborene Besse war 1899, mit zweiundzwanzig Jahren, als einfacher Angestellter in jene Handelsgesellschaft in Aden eingetreten, bei der etwa zwanzig Jahre zuvor Arthur Rimbaud beschäftigt gewesen war. Bald baute er sein eigenes Unternehmen in Aden auf – eine außerordentliche Leistung, wenn man bedenkt,

daß der Handel in einer britischen Kolonie eigentlich nur den getreuen Untertanen Ihrer Majestät offenstand. Er machte schnell ein Vermögen, indem er beinahe den gesamten Lebensmittelhandel zwischen den Häfen Ostafrikas und dem Vorderen Orient kontrollierte. Er kaufte, verkaufte oder transportierte Häute, Gewürze, Parfüms, Salz, Zigaretten, Baumwolle, Benzin und vieles andere. Im Sommer floh Antonin Besse, den alle Welt »Anto« oder einfach »AB« nannte, vor der schwülen Hitze Adens mit seiner Familie nach Europa. 1925 entdeckte er seine Leidenschaft für Paradou, ein Bauerngut in den Hügeln über Pardigon, das er zwei Jahre später kaufte und zu seinem zweiten Wohnsitz machte. Besse liebte diesen Ort sehr, und er sagte oft, wenn es ein Paradies gebe, müsse Gott Paradou als Modell dafür genommen haben.

In den Ferien hatten wir die Besse-Kinder in unserer Nachbarschaft aufwachsen sehen, und die Heirat meines Bruders mit einer Freundin aus unserer Kindheit, deren Familie uns seit langem nahestand, sollte mit dazu beitragen, daß ich mich nun in ferne Länder aufmachte.

Die Beschäftigung mit den Büchern des Abenteurers und Weltumseglers Henry de Monfreid über die Länder zwischen Rotem Meer und Persischem Golf und die Erzählungen Besses von seinen Reisen in Äthiopien, Arabien und dem Jemen hatten eine Saat in meine Seele gelegt, die lange Zeit gekeimt hatte und nun aufging. In diesen Ländern würde ich eines Tages leben, dessen war ich mir sicher, und meine Gewißheit war durch die schwere Zeit des Krieges noch gestärkt worden.

Sobald ich an Leib und Seele wieder genesen war, beendete

ich in Paris mein Medizinstudium und verbrachte anschließend ein Jahr in Basel, um einen Abschluß in Tropenmedizin zu machen. Tag und Nacht beschäftigte mich der Gedanke, wegzugehen. Es war die Zeit, als alle jungen Leute die Hoffnung hatten, eine andere Welt zu finden, wohin man vor den blutigen Auseinandersetzungen und den bösen Erinnerungen an den Krieg fliehen konnte. Wir wollten an fremden Orten eine Wiedergeburt erleben und die Tür hinter uns schließen, aus dem zerrütteten und zerrissenen Europa zu Kontinenten voller Verheißung aufbrechen.

Im Herbst 1948 hatte ich mein Studium beendet und konnte zur Tat schreiten. Ich nahm Anto Besses Einladung an, ihn nach Aden zu begleiten, so nahe jenem Äthiopien, nach dem es mich besonders verlangte. Besse besaß eine kleine Reederei, die damals über ein Dutzend Daus und zwei Frachter verfügte: die »El Hak« und die »El Amin«. Im Oktober 1948 schiffte ich mich zusammen mit Anto und seiner Frau Hilda in Marseille auf der »El Hak« ein. Nach einem Abstecher nach Beirut und in die Bekaa-Ebene fuhren wir durch den Suez-Kanal ins Rote Meer. Mit ihren 1500 Tonnen war die »El Hak« beileibe kein Ozeanriese, und die Einrichtung der sechs oder sieben Kabinen war ziemlich spartanisch, aber das kümmerte mich in meiner Entdeckerfreude nicht. Die fünfzehn Tage auf See bis Aden vergingen wie im Flug, auch wenn das Rote Meer alles andere als ruhig war. Wir wurden arg durchgeschüttelt, als wir den Kurs der »Pasteur« kreuzten, die Truppen zwischen Indochina und Frankreich transportierte. Der große Dampfer jedoch lag völlig ruhig in der

Dünung; die Ladeluken standen offen, und die Soldaten sonnten sich an Deck.

Bei der Zwischenlandung in Dschidda in Arabien kamen etwa hundert Mekka-Pilger an Bord, um mit uns nach Aden zurückzukehren. Grundsätzlich war die »El Hak« für nicht mehr als ein Dutzend Passagiere zugelassen, außer es befand sich ein Arzt an Bord – meine Anwesenheit war also recht nützlich. Da jeder Pilger zwanzig Louis, also vierhundert Francs, für die Überfahrt bezahlte, war das ein einträgliches Geschäft. So war ich, lange bevor ich fliegende Ärztin wurde, sozusagen eine »schwimmende Ärztin«, und einige Wochen später gleich noch einmal, als wir nach der Anreise per Flugzeug ab Aden mit Zwischenstopps in Dschibuti, Asmara und Port Sudan in Dschidda wieder an Bord der »El Hak« gingen.

In Port Sudan machte ich meine ersten Erfahrungen mit der bornierten sudanesischen Bürokratie, der ich später noch oft genug begegnet bin. Um in den Sudan einzureisen, mußte man gegen Gelbfieber geimpft sein. Da die Reise kurzfristig geplant worden war, hatte ich die Impfung erst in letzter Minute erhalten, sie ist jedoch beim erstenmal erst zehn Tage nach der Injektion wirksam. Meine Impfbescheinigung war also ungültig, und der Arzt im Hafen von Aden – auch so ein Bürokrat – hatte sich geweigert, sie rückzudatieren. Als ich in Port Sudan mit dem Flugzeug der Aden Airways landete, merkte niemand etwas; aber am nächsten Morgen, vor dem Abflug nach Dschidda, machte der Beamte des medizinischen Dienstes ein Riesentheater.

»Diese Bescheinigung ist nicht in Ordnung. Sie haben die

Wartefrist nicht beachtet. Ich kann Sie nicht abreisen lassen.«

Ich behauptete, ich sei vorher schon einmal geimpft worden – was gelogen war –, und daß diese Frist ganz unwichtig sei, doch der Beamte blieb stur. Er ließ den Start des Flugzeugs verschieben und rief seinen Vorgesetzten, einen englischen Arzt, der erst nach einer ganzen Weile erschien, wütend, weil man ihn zu dieser frühen Stunde aus dem Bett geholt hatte.

»Was soll denn das? Gestern hätte man das merken müssen! Jetzt, wo sie bereits eine Nacht hier verbracht hat, ist es zu spät. Jetzt ist die Sache schon passiert. Lassen Sie sie gehen.«

Während wir in Dschidda auf die »El Hak« warteten, verbrachte ich drei Tage bei Monsieur Delaby, dem Direktor der Bank von Indochina, der sehr enge Beziehungen zu Besse zu unterhalten schien. Der Grund dafür wurde mir am Tag der Abreise klar. Die Pilger waren bereits an Bord, und das Schiff bereit, die Leinen loszumachen, als Delabys Leute mit einer kleinen Kiste ankamen, die so schwer war, daß zwei Personen sie tragen mußten. Ich erfuhr später, daß sie voller Sovereigns war. Damals fand der Handel mit den Saudis ausschließlich gegen Gold statt; sie akzeptierten nichts anderes, kannten sie doch noch kein Telex und keine Petrodollars. Die Bankiers brachen beinahe unter einem Haufen Edelmetall zusammen, den sie natürlich irgendwie absetzen mußten. So schaffte also Delaby sein Gold über Besses Unternehmen nach Indien, wo der Goldpreis deutlich höher lag. Ob das alles ganz legal war, weiß ich nicht; mir schien, daß die Mannschaft sich bereit hielt, die Kiste ins Meer zu werfen, falls der Zoll auftauchte. Sagen wir, es war Sitte in der Gegend. Noch bis in jüngste Zeit hinein war der Goldtransport nach Indien die Hauptaufgabe großer Schiffe in den arabischen Emiraten, vor allem in Dubai.

Die Rückreise war beileibe keine Luxuskreuzfahrt. Die Pilger waren ins hintere Back gesteckt worden und lagerten mit ihren zahllosen Bündeln sogar auf der Brücke. Die Toiletten, in der Seefahrersprache auch das Gallion genannt, befanden sich auf dem Vorderschiff; sie bestanden jeweils aus einer einfachen Plattform mit einer Öffnung direkt über dem Meer. Bei starkem Seegang wurde ein bestimmter Zeitpunkt für die Notdurft bestimmt: Dann stoppte man den Frachter und drehte ihn vor den Wind, um zu verhindern, daß die Passagiere mitten in der Verrichtung ihrer Bedürfnisse über Bord gingen.

Ich befürchtete, daß unter diesen entkräfteten und schlecht ernährten Menschen die Cholera ausbrechen würde, bemerkte dann aber, daß der Gesundheitszustand der Pilger offensichtlich streng kontrolliert wurde und daß die katastrophalen Zustände, die man bei solchen Menschenscharen auf Mekka-Pilgerschaft erwarten könnte, niemals eintraten. An der Anlegestelle in Dschidda war ein Heer von Ärzten und Krankenschwestern zur Stelle, um die Pilger gründlich zu untersuchen und die Impfungen zu vervollständigen oder zu überprüfen. Die Ansteckungsgefahr inmitten solcher Massen war den saudiarabischen Behörden wohl bewußt, sie waren äußerst wachsam und sind es auch heute noch.

So genügte es, daß ich morgens und abends eine Sprechstunde abhielt. Probleme bereiteten mir lediglich die Somalier, welche die unerfreuliche Neigung haben, einander ständig zu bekriegen, wie die jüngste Vergangenheit bestätigt hat. Es gibt einen Ausspruch, der ihre Lebenseinstellung etwa folgendermaßen zusammenfaßt: Mein Clan gegen mein Volk, mein Bruder, mein Vetter und ich gegen meinen Clan, mein Bruder gegen meinen Vetter, ich gegen meinen Bruder. Meine medizinische Tätigkeit beschränkte sich also vor allem darauf, nach hitzigen Auseinandersetzungen zwischen »Brüdern« und »Vettern« Verletzungen zu verbinden und Platzwunden zu nähen.

Nach dem Zwischenaufenthalt in Mokka trafen wir auf die »Daoud«, einen der großen Dau-Segler aus der Besse-Handelsgesellschaft, der mühsam gegen den Wind kreuzte. Besse ordnete an, die Dau in Schlepp zu nehmen, bis wir die Meerenge von Bab-el-Mandeb durchquert hatten, nach der die Winde günstiger werden. Er achtete immer darauf, gute Beziehungen zu den Kapitänen seiner Daus zu pflegen, die dank ihrer Vertrautheit mit den lokalen Märkten auch sehr tüchtige Händler waren, wußten sie doch immer, welche Ware man zu welchem Preis bekommen konnte und welche Nachfrage bestand; und das in den entlegensten Häfen. Die Informationen erreichten rasch Besse, der daraus sogleich Kapital zu schlagen wußte. Dieses detaillierte Wissen über die örtlichen Gegebenheiten hatte es ihm ermöglicht, sein Vermögen zu erwerben.

Nach einem kurzen Aufenthalt in Aden fuhren wir auf der »El Hak« weiter bis zum zweihundert Kilometer östlich an der Südküste des Jemen gelegenen Mukallah, wo wir noch Pilger auszuschiffen hatten. Von dieser wunderschönen Stadt aus war 1934 Freya Stark, ein Freundin von Besse, in die Wüste von Hadramaut vorgedrungen, um der alten Weihrauchstraße zu folgen. Rote, ockerfarbene und schwarze Felsklippen überragen die Altstadt aus biblischer Zeit und den Hafen, in dem sich unzählige Daus wiegen. Ich bin oft – und erst vor kurzem wieder – zurückgekehrt, um diesen Ort zu bestaunen, für mich einer der schönsten der Welt.

Diese zweite Schiffsreise war dann auch meine letzte: Besse engagierte zur Betreuung der Mekka-Pilger einen indischen Arzt, der für diese Arbeit sicher besser geeignet war als eine junge Europäerin; mir blieb von diesem Abenteuer ein exzellentes Zeugnis als Ärztin der britischen Handelsmarine, das sich in seinem Rahmen an der Wand sehr gut ausnimmt.

Gegen Weihnachten 1948 entdeckte ich endlich Äthiopien, für mich immer noch das gelobte Land. Ich fuhr mit Anto und Hilda auf der »Daoud« durch den Golf von Aden nach Dschibuti, wo wir ein Flugzeug nach Addis Abeba nahmen; anschließend nahm mich Monsieur Davis, der Direktor der Besse-Niederlassung in Äthiopien, auf seiner Rundreise durch das Land mit, auf der er die örtlichen Vertretungen besuchen und mit Bargeld beliefern sollte.

Ich saß vorne neben dem Fahrer in unserem Jeep, dessen hintere Karosserieteile aus Holz waren, und hatte die Füße auf einer großen Tasche.

»Stört Sie das auch nicht?« fragte mich Davis.

»Überhaupt nicht, was ist das?«

»Maria-Theresientaler.«
Dieser Taler, der im 18. Jahrhundert in Österreich und den Balkanländern gebräuchlich war, war durch die wundersamen Wege der Geschichte zum weitverbreiteten Zahlungsmittel in den Ländern rings um das Rote Meer geworden und erfreute sich besonderer Wertschätzung. Ich habe mir sagen lassen, daß das Bildnis der rundlichen Kaiserin in dieser Region als Fruchtbarkeitssymbol gilt. Meine Füße ruhten folglich auf einem Vermögen in Silberstücken. Der Fahrer – er hieß Haile wie der Kaiser – war die Ruhe selbst; aber im Handschuhfach lag ein schwerer Revolver.
»Wegen der *Shiftas*, der Straßenräuber. Von denen gibt es hier sehr viele.«
Eines Nachts, im Süden, verirrten wir uns. Wir hatten das Awash-Becken durchquert, wo uns Viehherden umgaben, deren Hirten weiße *Chamahs* und Jodhpurhosen trugen und lange, gebogene Stöcke hielten: wahrhaft biblische Szenen. Vor Anbruch der Nacht hatten wir den großen Awasa-See gesehen, dann aber in der Dunkelheit eine falsche Straße in Richtung der Berge genommen. Entlang der Straße tauchten hübsche Schutzgatter aus geflochtenem Bambus im Scheinwerferlicht auf. Schließlich trafen wir auf eine Straßensperre der Polizei.
»Sind wir hier in der Nähe von Dila?«
»Ganz und gar nicht, da sind Sie ziemlich weit entfernt. Die Stadt liegt genau in der anderen Richtung. Diese Straße hier ist nicht passierbar, dort hinten sind Goldminen. Das ist Sperrgebiet.«
Wir mußten umkehren. In der Morgendämmerung er-

reichten wir Dilla und wurden vom Firmenvertreter sehr freundlich aufgenommen, einem Belgier, der früher als Straßenbahnfahrer gearbeitet hatte. Mit seiner Frau zusammen hatte er seinen kleinen Posten eingerichtet, so gut es eben ging, aber wir waren so schmutzig und erschöpft, daß es uns absolut luxuriös vorkam.
Jener Vertreter kaufte auf Besses Rechnung Häute, Weizen und vor allem Kaffee, wofür Dilla ein wichtiges Produktionszentrum war, und bekam nun von Davis Taler, um seine Kasse zu füllen. Der Safe war ein einzementiertes Ölfaß mit einer schmiedeeisernen Tür an der Seite, die mit einem Vorhängeschloß gesichert war. Ringsum lagen Gewehre. Im Hof war ein Brunnenschacht gegraben worden, und ein durchgeschnittener Reifenschlauch diente als Gefäß zum Wasserschöpfen.
Ein andermal, es war ebenfalls im Süden, kamen wir nach Jima, einer abgelegenen Ortschaft, die von den Italienern angelegt worden war. Die Hauptstraße glich einer Theaterdekoration mit prachtvollen Gebäuden: Bank, Gerichtsgebäude, Polizei, einige Geschäfte. Aber alles war Fassade, dahinter befanden sich lediglich Schuppen. Im Haus des Vertreters der Besse-Kompanie gab es Badewannen und entzückende rosa Toiletten – aber ohne Wasser, weil man sie nie angeschlossen hatte.
Wir fuhren durch Gegenden, in denen die Bevölkerung vom Kaiser aufgerufen worden war, Straßen zu bauen. Unzählige Menschen mühten sich mit langen Hacken ab, ein Anblick, der uns daran erinnerte, daß dieses Land völlig unter Feudalherrschaft stand.
Innerhalb von drei Wochen sammelte ich sehr starke Ein-

drücke, die meine Erwartungen sogar noch übertrafen. Ich hatte die Danakilsenke durchquert und war am äthiopischen Bergmassiv entlanggefahren, ich hatte den Blauen Nil gesehen, Debre Markos, Abba Libanos, Lalibela und die auf Bergen thronenden oder in den Fels gebauten Kirchen mit ihren fremdartigen Fresken. Ein von der Außenwelt abgeschlossenes Gebiet, in dem die Zeit stehengeblieben war, ein seit Urzeiten christliches Volk, umgeben von feindlichen Moslems, eingeschlossen in einer natürlichen Festung, einem afrikanischen Tibet. »Abgekehrt von einer Welt, die sie vergessen hatte«, wie der Historiker Gibbon sagt.

Äthiopien folgt dem julianischen Kalender, so daß Weihnachten nach unserer Rechnung auf Anfang Januar fällt und die Epiphanie, die Taufe Christi, auf das Datum zwölf Tage danach. Zu diesem Anlaß finden die Timkat-Feiern statt, die ich in Addis Abeba miterlebte. Ich sah den Kaiser inmitten kirchlicher Würdenträger unter bunten Baldachinen, vor einer in Phantasiegewändern auf einem riesigen Platz tanzenden Menschenmenge.

Mit dem »Littorino«, einem zweimotorigen Triebwagen, fuhr ich von Addis nach Dire Dawa und nahm dort ein Auto, um nach Harar zu kommen, Monfreids geliebter Stadt, wo ich das Krankenhaus besuchte. Es wurde von einem französischen Arzt geleitet, dem ich half, seinen Sterilisationskasten zu reparieren. Ein anderer Arzt, Pater Bernard, war Missionar und arbeitete nachmittags in einer Krankenstation, wo er zwei Dollar pro Patient verlangte, einen hohen Preis; dieses Geld wurde verwendet, um mittellose Patienten gratis versorgen zu können.

Leprakranke behandelte Pater Bernard mit Cholmogra-Öl, einer pflanzlichen Substanz aus Indien, und er schien damit tatsächlich Erfolg zu haben. Heute verfügen wir über wirksamere Mittel, etwa Dapson, ein Antibiotikum, das auch gegen Tuberkulose eingesetzt wird: Die Erreger dieser beiden Krankheiten sind sehr nah miteinander verwandt. Bei frühzeitiger Behandlung ist Lepra nicht mehr die legendäre Seuche von einst; das einzige Problem besteht darin, an die Kranken heranzukommen, um sie untersuchen zu können.

Der »Littorino« verkehrte auf der Schienenstrecke der berühmten Eisenbahn, die Addis mit Dschibuti verbindet und die damals Eigentum einer französischen Gesellschaft war. Ihr Direktor Michel Cot bereitete Besse großen Ärger, da er auf seiner Linie Wucherpreise für den Gütertransport verlangte. Anto reagierte darauf mit einem jener genialen Schachzüge, auf die er sich so ausgezeichnet verstand: Er entschloß sich, auf die Straße auszuweichen, die von den Italienern zu militärischen Zwecken gebaut worden war und bis zum Hafen von Aseb an der Grenze zu Dschibuti führte. Er kaufte hundert Tanklastwagen mit Anhängern und ließ sie mit Benzin füllen, welches entsprechend einem Vertrag mit der Shell-Niederlassung in Aden nach Addis Abeba transportiert wurde. Dort wurden die Tanks gründlich ausgewaschen und mit Kaffee gefüllt. Auf dem Weg über Dese im Norden wurden die sehr begehrten Häute von Bati-Lämmern zugeladen, die man auf der Galerie oben auf den Tanks stapelte, und in Aseb wurden die Güter auf Besses Schiffe verladen, die dann nach Aden fuhren. Von der Küste bis nach Addis waren die Tanks mit

Salz gefüllt, und von dort fuhren sie mit einer Ladung Baumwolle weiter.

Dieses straßengebundene Transportnetz war wie eine Luftbrücke konzipiert und sehr effizient und kostengünstig, waren doch die Preise der Eisenbahngesellschaft zwei- bis dreimal so hoch. Besses Erfolg fand seine Krönung, als die Regierung des Negus den äthiopischen Dollar als ihre neue offizielle Währung einführte und ihre Bestände an alten Silbertalern auf dem Weltmarkt verkaufte; es waren Besses Lastwagen, denen man die Aufgabe anvertraute, den Schatz mit einem beeindruckenden Konvoi der äthiopischen Armee bis nach Assab zu transportieren.

Ich habe einmal eine Nacht bei diesen Lkw-Fahrern verbracht, in ihrem Lager in der Nähe eines Eukalyptuswaldes. In 1500 Meter Höhe war es kalt; sie hatten ein großes Feuer angezündet, über dem sie Fleisch grillten, und sangen dann lange im Licht des Vollmonds, bevor sie sich in ihren Kojen schlafen legten. Die großen Lancia-Lkws fuhren nur tagsüber und im Konvoi, da man Pannen oder Überfälle befürchtete. Die Fahrer und Mechaniker, alle Italiener, waren bewaffnet. Für den Weg zur Küste und wieder zurück nach Addis brauchten sie sechs Tage, und der Straßenzustand war derart schlecht, daß man die Reifen bei jeder Reise wechseln mußte.

Dem Zauber dieser Rundreise folgte die Enttäuschung: Man hatte keine Arbeit für mich in Äthiopien. Ich suchte eine Anstellung im Staatsdienst, doch es gab nur neunundzwanzig Posten im ganzen Land, und die waren alle vergeben. So lautete die Antwort der Gesundheitsbehörde in Addis Abeba, als ich mich dort bewarb. Neunundzwanzig Ärzte in einem Land, zweimal so groß wie Frankreich, das wohl fünfzehn Millionen Einwohner zählen mochte! Es war mir natürlich völlig freigestellt, als private Ärztin zu praktizieren, aber wie sollte ich in einem Land ohne jede Infrastruktur an Patienten herankommen? Dazu hätte ich in der Hauptstadt bleiben müssen, aber zur Stadtärztin fühlte ich mich nicht berufen.

Wieder in Aden, stürzte ich mich in die Arbeit, um meine Enttäuschung zu vergessen. Vom Leiter des medizinischen Dienstes der Kolonie war ich gebeten worden, mich um die Frauenabteilung des Zivilkrankenhauses zu kümmern, in das ausschließlich Araber und Inder kamen. Europäische Patienten nahmen eher das Militärkrankenhaus der RAF in Anspruch, in dem ein Bataillon junger, charmanter Krankenschwestern Dienst tat, genannt die »Fishing Fleet«, die Fischereiflotte, weil die Rede ging, sie seien hierher gekommen, um Männer zu fangen – eine Methode, die auch in Britisch-Indien verbreitet war und anscheinend einen gewissen Erfolg hatte. Für die Moslems jedenfalls war es ausgeschlossen, daß die Frauen von jemand anderem als von einer Ärztin untersucht würden. Die Kollegin, die vor mir diese Stelle innegehabt hatte, war krank geworden und hatte nach England zurückkehren müssen. Für sechs Monate ließ ich mich nun auf dieses Abenteuer ein.

Meine Arbeit am »Eingeborenenkrankenhaus« hat mich viel gelehrt und mir einige erstaunliche Begegnungen ermöglicht. So wurde ich einmal von einer Amerikanerin

aufgesucht, was an diesem Ort sehr ungewöhnlich war. Sie war eine der Frauen eines jemenitischen Seemanns und lebte ganz nach traditioneller Weise, also völlig zurückgezogen. Ich fragte sie, ob dieser Lebensstil, der sich so stark von dem ihres Heimatlandes unterschied, ihr nicht zu viel abverlange. Ohne zu zögern antwortete sie lachend:
»Überhaupt nicht, hier fehlt es mir an nichts; ich bin umgeben von Großmüttern und liebenswürdigen alten Tanten, die mir ihre ganze Aufmerksamkeit schenken. Wenn Sie wüßten, wie es mir in Amerika ergangen ist.«
Mehr sagte sie nicht, aber ich erriet, daß sie mehr oder weniger als Prostituierte gelebt haben mußte, und daß sie weit weg von ihrem Zuhause tatsächlich ihren Frieden gefunden hatte.
Ein andermal drängte sich eine Gruppe tief verschleierter arabischer Frauen in mein Sprechzimmer. Ich protestierte, daß ich nur eine Patientin auf einmal untersuchen würde, und bat sie, nacheinander hereinzukommen. Das Personal klärte mich über meinen Irrtum auf:
»Das ist die Sultanin von Mukallah in Begleitung ihrer fünf Sklavinnen. Sie dürfen sich keinesfalls von ihr entfernen, unter gar keinen Umständen.«
Das stimmte mich nachdenklich, war mir doch bisher nicht klar gewesen, daß es im südlichen Arabien noch 1949 solche Bräuche gab.
Unsere größte Sorge bildete die Tuberkulose, die unter den Arabern sehr verbreitet war. Antibiotika waren noch im Entwicklungsstadium, eine Heilung sehr ungewiß. Der Leiter des medizinischen Dienstes hatte eine eher kuriose Methode entwickelt, die aber zu hervorragenden Ergeb-

nissen führte: Er behandelte die Tuberkulosepatienten in einem großen, völlig offenen Raum, der bloß mit Vorhängen gegen den Wind abgeschirmt wurde – in Aden regnet es fast nie. Den Kranken wurde strenge Bettruhe verordnet, Tag und Nacht, sechs Monate lang. Kein Europäer hätte die Geduld gehabt, das auszuhalten, aber die Araber schienen zufrieden und unterhielten sich lebhaft und gutgelaunt. Man gab ihnen sehr nahrhafte Speisen, die noch dazu mit Haifischlebertran angereichert wurden, der normalem Lebertran in tausendfach höherer Konzentration entspricht und eine geballte Ladung Vitamine enthält. Er schmeckt noch scheußlicher, aber den Patienten schien er ausgezeichnet zu munden.
Mein Dienst im Krankenhaus dauerte von sieben Uhr morgens bis dreizehn Uhr, nach der Sprechstunde. Da ich keinen Bereitschaftsdienst zu leisten hatte, war ich nachmittags frei und konnte öfters Anto Besse bei seinen Spazierfahrten in die Umgebung der Stadt begleiten. Wir fuhren in einem großen Chrysler bis nach Scheich Osman und ritten dann zu Pferd in die Wüste. Manchmal gingen wir auch zum Klettern in die Berge, die Besse als exzellenter Bergsteiger wie seine Westentasche kannte. Er war überhaupt versessen auf körperliche Ertüchtigung; seine Büros mußten um sechzehn Uhr schließen, damit die Angestellten reiten, Tennis spielen oder schwimmen konnten. Er bewunderte das englische Bildungssystem, welches der sportlichen Betätigung breiten Raum gibt, während ihm das französische, das sich auf die Anhäufung von Wissen anstatt auf die praktische Wirklichkeit, das Gespräch und die individuelle Reflexion gründet, viel zu theoretisch erschien.

Es war ihm ein Anliegen, nach Möglichkeit junge arabische Mitarbeiter zu beschäftigen, doch diese waren leider nicht besonders qualifiziert, da sie keine andere Ausbildung als die Koranschule genossen hatten. Bald wurde ihm etwas klar, was heute als Grundsatz auf der ganzen Welt unbestritten ist: Wenn man das Bildungsniveau der Jungen heben will, muß man zuerst das der Frauen verbessern, die sie in den entscheidenden Jahren der Kindheit betreuen. Vom Gedanken schritt er zur Tat und gründete die ersten Schulen für muslimische Mädchen in Aden; um die feindseligen Reaktionen traditionalistischer Araber kümmerte er sich wenig.

Im August 1949, nachdem mein Vertrag mit dem Zivilkrankenhaus ausgelaufen war, hatte ich erstmals die Gelegenheit, Kenia zu besuchen. Ein befreundetes Ehepaar aus Aden, Mary und Heron Bruce, besaß dort eine kleine Farm in der Nähe der Thomson's Falls im Rift Valley, wo sie ihre Sommerferien verbrachten. Mary war Malerin und Heron Kommissar der Kolonialpolizei; sie waren schon viel in der Welt herumgekommen, hatten sich in Palästina kennengelernt und danach in Antigua und in Guyana gelebt. Heron war mit Besse sehr eng befreundet; ich nehme an, daß er ihn wohl auch mit Informationen versorgt hat. Für seine geschäftlichen Aktivitäten hatte Anto seinen privaten, gut durchorganisierten Nachrichtendienst, was in einer Region, in der bereits sehr viel Unruhe herrschte, lebenswichtig war.
Heron hatte sich damals gerade mit allerhand Problemen herumschlagen müssen, da es im Gefolge des Krieges in

Palästina und der Konfrontation zwischen Juden und Arabern zu Ausschreitungen gegen die jüdische Gemeinde im Jemen gekommen war. Die Juden wurden es leid und beschlossen, in den neugegründeten Staat Israel auszuwandern, doch wollte sie der Imam Jahia von Jemen nicht gehen lassen, weil sie für die Wirtschaft des Landes wichtig waren. Es blieb ihnen nichts übrig, als nach Aden zu flüchten, wo die Israelis eine Luftbrücke einrichteten, um sie auszufliegen: ein ähnlicher Exodus, wie er sich vierzig Jahre später mit den äthiopischen Juden abgespielt hat.
Als das alles passierte, kehrten Besse und ich gerade von einem Ausritt über die Höhen von Scheich Osman zurück. Wir hatten im Polo-Club von Aden etwas getrunken und mußten nun, um in die Stadt zu gelangen, einem Weg folgen, der über den Flugplatz führte. Wenn sich ein Flugzeug auf der Piste befand, schloß sich eine Schranke, ähnlich wie bei einem Bahnübergang, und es ertönte ein Klingelton. An jenem Abend aber blieb die Schranke ständig geschlossen, und pausenlos starteten Chartermaschinen, die seltsamerweise die Farben der Alaska Airways trugen. Aus Gründen der Geheimhaltung wurden die Juden nach Einbruch der Dunkelheit ausgeflogen. Wir mußten die halbe Nacht in der Bar des Clubs verbringen, der bei dieser Gelegenheit ein gutes Geschäft mit uns machte.

Nach Kenia reiste ich aus Zeitmangel per Flugzeug; lieber hätte ich die Ugandabahn genommen, die in Mombasa startet und die wild bewachsenen Ebenen des Tsavo-Nationalparks durchquert, um dann die Steigungen des zentralen Berglands zu erklimmen. Ein legendärer Zug – der

Königsweg nach Kenia. Ich habe das zum Glück später nachgeholt.

Von Nairobi aus fuhr ich mit dem Auto zu den Thomson's Falls. Wie jeden anderen auch, der nicht gerade blind oder blasiert ist, haben mich die phantastischen Bergwände des Rift Valley, die Herrlichkeit der großen Seen, der unglaubliche Reichtum der Fauna und das milde Klima des Hochlandes tief beeindruckt. Es war so imposant wie Äthiopien, aber unendlich reicher und weiter entwickelt. Nach vierzehn Tagen in Kenia hatte meine Sehnsucht ein neues Ziel gefunden. Hier, so war ich sicher, wollte ich von nun an leben.

Mit dieser neuen Überzeugung kehrte ich nach Frankreich zurück, wo ich noch ein Jahr an der medizinischen Fakultät verbringen mußte, um meine Doktorarbeit zu verfassen, die sich mit einer in den Tropen sehr verbreiteten Krankheit, der Amibiase, beschäftigte. Als nun promovierte Ärztin fuhr ich dann Ende September 1950, ebenfalls an Bord der »El Hak«, wieder nach Aden, wo mir der Hafeninspektor vorschlug, mich für die medizinische Versorgung seiner Mitarbeiter zu engagieren. Die angebotene Stelle war wenig attraktiv: Das Gehalt war mager, weder Wohnung noch Auto noch Dienstpersonal waren inbegriffen. In diesem Land war es jedoch unmöglich, nur einen einzigen Dienstboten zu haben, da dieser sich geweigert hätte, alle Arbeiten zu verrichten. Der gesellschaftliche Druck zwang einen, mindestens vier Leute anzustellen: einen Koch, einen Gärtner, einen Nachtwächter und jemanden, der bei Tisch servierte.

Da meine Pläne für Äthiopien ins Wasser gefallen waren,

hätte ich die Stelle möglicherweise angenommen, auch wenn ich dann vielleicht meine Familie um finanzielle Unterstützung hätte bitten müssen – aber ich hatte ja Kenia entdeckt, und meine Entscheidung war gefallen.
Anto Besse war es gar nicht recht, daß ich Aden verließ, und er warf mir vor, ihn im Stich zu lassen. Es bereitete mir selbst großen Kummer, mich von diesem Mann zu trennen, in dessen Nähe das Leben niemals alltäglich oder langweilig war, aber ich tröstete mich mit dem Gedanken, daß Kenia ja nicht allzu weit entfernt war und daß wir uns oft sehen würden. Wie sollte ich wissen, daß ihm nur noch ein Jahr beschieden war.
In seinen letzten Lebensjahren hatte Anto einen Großteil seiner Energie und seines Vermögens der Förderung von Schulen und Universitäten gewidmet: den Technischen Hochschulen von Aden und Dschibuti und der Universität von Addis Abeba. Es ging ihm nicht um Ruhm und Ansehen, denn seine Wohltaten blieben im verborgenen, sondern um Bildung, die seine Obsession war.
Damals, als ich ihn regelmäßig in Aden besuchte, hatte er gerade jenes Ziel erreicht, das er sich gesteckt hatte: eine Schule zu gründen, die seine Theorien über die Erziehung junger Menschen umsetzen konnte, das College St. Anthony – in diskreter Anspielung auf seinen eigenen Vornamen so genannt – in Oxford.
Im Juni 1951 traf er dort ein, um den Titel eines »Doctor of civil law« zu erhalten. Er war bereits Ritter des britischen Empire, die höchste Auszeichnung, die Seine Majestät an einen Ausländer vergeben konnte, hatte doch Anto trotz seines Geschäftssitzes im britischen Aden seine französi-

sche Staatsangehörigkeit behalten. Nach den Feierlichkeiten in Oxford wollte er Gordonstown in Schottland besuchen, eine andere von ihm geförderte Schule; dort erlitt er einen Schlaganfall und starb am 2. Juli, im Alter von vierundsiebzig Jahren. Auf der Marinebasis Kinloss in der Nähe von Aberdeen feuerte eine Ehrengarde Salut für den Sarg, der per Flugzeug nach Frankreich überführt wurde. Antonin Besse ruht in der Erde seines Besitzes Paradou, inmitten der Hügel von Cavalaire, wo er sein Paradies gefunden hatte.

Im nächsten Jahr traf die Familie ein weiterer schwerer Schlag: François' Ehefrau, meine Schwägerin Joy, starb und ließ ihm zwei Söhne zurück, Yves und Bernard. Zwei von Besses Söhnen, Peter und Tony, führten das Unternehmen in Aden weiter. Als sich die Engländer 1967 aus heiterem Himmel, wie es ihre Art war, aus Aden zurückzogen, bedeutete das für die dortige Bevölkerung geradezu ein Erdbeben. Die Hälfte davon, mehr als hunderttausend Menschen, verließ die Stadt.

Mit der Unabhängigkeit Adens wurde die Besse-Gesellschaft aufgelöst, alle ihre Güter wurden beschlagnahmt und ihre Führungskräfte ausgewiesen. Wenigstens hat Anto die erbarmungslose Vernichtung seines Lebenswerks nicht mehr erleben müssen.

KAPITEL III

Zwei Farmen in Afrika

Ende 1950 kehrte ich also wieder nach Kenia zurück und versuchte eine Anstellung als Ärztin zu finden. Der Leiter des medizinischen Dienstes im Gesundheitsministerium bot mir drei Stellen an: Die erste war im großen afrikanischen Entbindungsheim direkt in Nairobi. Der Gedanke, in der Stadt zu bleiben, gefiel mir nicht besonders; außerdem hatte ich keine Ausbildung in Gynäkologie. Die zweite Stelle war im Krankenhaus von Malindi, an der Küste. Malindi war damals noch nicht das Touristenzentrum, das es heute ist, aber bereits ein beliebtes Ferienziel für die Europäer aus dem Landesinneren, und ich hatte keine Lust, das ganze Jahr in einem Badeort mit ziemlich strapaziösem Klima zu verbringen.

Die dritte Stelle interessierte mich schon eher: der Bezirk Marsabit im Norden des Landes. Wüste, Nomaden, tiefstes Afrika, das alles paßte recht gut zu meinen Wunschvorstellungen. Also gab ich meine Bewerbung ab. Der Kommissar des Bezirks Marsabit nahm sie entgegen – und erteilte mir gleich eine Abfuhr:

»Eine Frau als Arzt – niemals. Und dann nicht einmal verheiratet. Das stiftet nur Unruhe unter den jungen Bezirksbeamten.«

Sinnlos, es weiter zu versuchen. Ich wandte mich nach

Naivasha, wo sich die Farmer zusammengetan hatten, um sich die Dienste eines Arztes zu sichern, dem sie ein jährliches Mindesteinkommen garantierten. Dr. Bunny, der die Stelle bislang besetzt hatte, wollte gehen; doch auch dort waren Frauen unerwünscht, unter der fadenscheinigen Begründung, daß eine Frau nachts nicht gern aus dem Haus gehe, Angst vor wilden Tieren habe und ich weiß nicht, was noch alles. Schließlich entschloß sich auch Dr. Bunny wieder anders und blieb, und ich mußte meine Hoffnungen begraben.

Ich war schon recht ratlos, als mir Mary und Heron Bruce erzählten, daß auch die Farmer von Ol Kalou einen Arzt suchten. Diesmal klappte es; Kenia wurde meine neue Heimat und ist es bis heute geblieben.

Ol Kalou ist ein wunderschöner Ort inmitten grüner Landschaft, auf 2500 Meter Höhe in der weiten Ebene gelegen, die sich zwischen den Aberdarebergen und dem Rift Valley erstreckt; es bietet daher ein sehr gemäßigtes Klima, eine Art ständigen Frühling. Allerdings geht einem rasch die Luft aus, und man wird bei der geringsten Anstrengung sehr schnell müde. Mit meinen damals zweiunddreißig Jahren gewöhnte ich mich aber rasch daran.

Ich eröffnete ein kleines Sprechzimmer im Dorf und mietete ein Haus auf einer nur eineinhalb Kilometer entfernt gelegenen Farm. Mary Patten, die Besitzerin, tat alles Erdenkliche, damit die neue Ärztin sich gut einleben sollte, und gab sich große Mühe, mir beim Einrichten zu helfen. Wie angenehm, endlich erwünscht zu sein.

Schon am ersten Tag in meiner neuen Bleibe schaffte ich

es, das Haus beinahe in Brand zu stecken: Ich hatte am Abend ein Feuer im Kamin angezündet und es dann später, als ich schlafen ging, gelöscht, doch war offensichtlich der Kamin nicht richtig trocken gewesen; ein Stück Zement war auf die noch heiße Asche gefallen und hatte Funken sprühen lassen, die auf ein mit Kapok gefülltes Kissen übersprangen. Es war schrecklich schwer zu löschen und gloste noch stundenlang vor sich hin, aber glücklicherweise war nicht viel passiert, da ich damals erst wenige Möbel und keine Vorhänge an den Fenstern hatte.

Nun war ich also Landärztin. An Patienten mangelte es nicht: Im Umkreis von zwanzig Kilometern gab es sechzig Farmen, auf denen jeweils an die hundert bis zweihundert Personen lebten. Dem damals herrschenden patriarchalischen System entsprechend kümmerten sich die Farmer auch um die Gesundheit ihrer Angestellten und bezahlten für sie sämtliche medizinischen Leistungen.

Es gab viel zu tun, und ich war häufig am Steuer des Peugeot 203 unterwegs, den ich mir gerade gekauft hatte. Lange Zeit hatten wir kein Telefon; im Notfall schickte man einen Boten los, der ein gespaltenes Stöckchen trug, in das man ein Stück Papier mit der betreffenden Botschaft geklemmt hatte. Das System war absolut zuverlässig, aber wir mußten nicht sehr oft darauf zurückgreifen, da es kaum jemals wirklich dramatische Situationen gab. Die Krankheiten glichen denen in Europa. In dieser Höhe litten die Leute vor allem an Lungenentzündung, Grippe oder Rheuma, dazu kamen einige Tuberkulosefälle. Erst später, als Mitglied der fliegenden Ärzte, bin ich den eigentlichen Tropenkrankheiten begegnet.

In der Nähe gab es keine Krankenstation, zu der man die Patienten hätte bringen können. Wurde in den Dörfern der Schwarzen jemand ernsthaft krank, dann schaffte man ihn aus der Hütte, die Familie baute ihm einen kleinen Unterstand aus Zweigen und Blättern, und es gab immer jemanden, der ihm zu essen brachte und sich um ihn kümmerte. Im Fall einer ansteckenden Krankheit war das kein schlechtes System – obwohl diese Praxis sicher nicht von hygienischen Überlegungen, sondern eher vom Glauben an einen Zauber herrührte.

Sie paßte auch zum Brauch der Kikuju, den Kral zu verlassen, wenn jemand in einer Hütte gestorben war. Das Dach ihrer Hütten wird von einem zentralen Stützpfeiler gehalten, auf den alle Balken zulaufen; nach einem Todesfall wird dieser Pfeiler aus der Erde gegraben, und alles fällt zusammen. Wenn man auf eine solche eingestürzte Hütte trifft, weiß man, daß dort ein Toter unter den Trümmern liegt.

Kurz nach meiner Ankunft in Ol Kalou entdeckte ich einmal inmitten schier undurchdringlichen Dornengestrüpps eine dieser verlassenen Hütten. Mein Verwalter Njuguna, der mich begleitete, meinte:

»Da ist ein alter Herr gestorben. Deswegen haben sie alles einstürzen lassen.«

»Aber kann man das Material nicht aufsammeln, um neue Hütten daraus zu bauen?«

»Nein, nein, das wäre ganz schlecht, ganz schlecht.«

Auf meinen Wegen zu den Patienten schlug sich mein Peugeot 203 zwar wacker, aber trotzdem war manchmal kein

Durchkommen, vor allem, wenn die Pisten vom Regen aufgeweicht waren – und oft gab es auch gar keine Piste mehr. So griff ich auf meine alte Leidenschaft, das Reiten, zurück, das ich in England gelernt hatte. Zunächst mietete ich ein Pferd für meine Hausbesuche, dann kaufte ich eines, dann mehrere ... also mußte ich Boxen bauen, und schließlich hatte ich einen eigenen kleinen Reitstall. Mary Patten überließ mir siebzig Hektar ihres Farmlands als Weide, das Futter kostete nichts, und Stallknechte waren nicht schwer zu finden. Damals mußte man in Kenia nicht reich sein, um ein Leben zu führen, das man in Europa als fürstlich bezeichnet hätte.

Samstags und sonntags bildeten wir mit den benachbarten Farmern Mannschaften und spielten Polo oder veranstalteten Parforcejagden. Alle waren sehr sportlich, ganz nach britischer Tradition, und alles war perfekt organisiert. Wir trugen grüne Jagdkleidung und hatten sogar einen eigenen Jagdleiter, John Harris, der in Subukia lebte; seine Beagle- und Foxterrier-Mischlinge kamen im unwegsamen Gelände des Rift Valley gut zurecht. Ich war für den Kontakt zu den zahlreichen Afrikaander-Farmern im Gebiet von Ol Kalou zuständig, die wir natürlich benachrichtigen mußten, wenn wir über ihr Land galoppieren wollten. Sonntags zu jagen kam nicht in Frage, denn sie waren streng religiös und hielten gewissenhaft den Tag des Herrn ein, an dem rauhe Spiele als Sünde galten. Bei ihnen wurde samstags gejagt.

Unsere Gruppe besaß etwa dreißig Pferde. Stellvertreter des Jagdleiters war der Arzt Dr. Bowles, der wie ich immer einen kleinen Notfallkoffer dabei hatte. Stürze und gebrochene Gliedmaßen waren nicht selten, steckte doch der Boden voller Fallen: Fuchsbauten, Termitenhügel und von Ameisenbären gegrabene Löcher, in denen die Pferde stolperten. Zwar waren meine für das Polospiel dressierten Tiere sehr geschickt und lebhaft und konnten meist diese Fußangeln entdecken und ihnen ausweichen, aber nicht immer; manchmal machte auch ich wie alle anderen meine Bauchlandung.

Wir machten Jagd auf Riedböcke, kleine Antilopen, die wie gehörnte Rehe aussehen. Nur männliche Tiere durften gejagt werden, und oft entkamen sie uns durch ein regelrechtes »Staffettensystem«, das uns kilometerweit übers Land führte: Auf der Flucht vor der Meute versteckte sich der Bock im Dickicht, aus dem dann gleich einer seiner Artgenossen in Höchstform hervorsprang, der die Hunde wieder auf seine Spur lockte. Wir töteten nur wenige dieser Riedböcke, doch hin und wieder mußten wir doch einen opfern, um die Hunde bei Laune zu halten.

Mitunter veränderte sich plötzlich das Gebell der Meute und wurde doppelt so wild: Dann hatten die Hunde einen Schakal aufgestöbert und machten sich blindwütig an die Verfolgung. Obwohl diese Tiere doch ihrer eigenen Familie angehören, schienen sie sie besonders zu verabscheuen. (Vielleicht ist es mit den Hunden wie mit den Menschen, ist doch auch hier die Abneigung unter Verwandten oft am stärksten.) Meist gingen sie allerdings leer aus, denn Schakale können geschickt in der kleinsten Öffnung verschwinden.

Die Saison für Hetzjagden begann im Dezember nach der Ernte und dauerte bis zur Aussaat im April; dann kam die

Zeit des Polo an den Wochenenden. Ich spielte in den drei Clubs von Ol Kalou, Thomson's Falls und Gilgil. So wurden unsere Pferde das ganze Jahr über bewegt, und das war gut, da ich sie in der Regenzeit für meine Besuche auf den Farmen oder in den Dörfern benötigte, die dann mit dem Auto nicht mehr erreichbar waren.

Eine weitere Aktivität nahm viel von meiner Zeit in Anspruch: die Arbeit in der Pfadfinderbewegung. Schon in Mülhausen hatte ich mich damit beschäftigt, und nach meiner Ankunft in Ol Kalou gründete ich dort die erste Truppe. Die Frau des Pfarrers wurde zur Scoutführerin ernannt, und ich leitete die Kundschaftertruppe, mit meinem Krankenpfleger als Stellvertreter. Auf meiner Farm organisierte ich Pfadfinderlager, an denen die verschiedensten jungen Leute teilnahmen: Inder, Söhne von Kaufleuten aus Ol Kalou, und auch die Pfarrerskinder. Ich hatte großen Erfolg mit dieser bunt zusammengewürfelten und sehr lebhaften Schar.

Viele der üblichen Pfadfinderprüfungen mußte ich abändern und an die Situation anpassen. Zum Beispiel ist es für Afrikaner ein Kinderspiel, ein offenes Feuer mit Streichhölzern zu entfachen, also mußte ich die Sache erschweren. Mein Krankenpfleger hatte als Kind in den Aberdares Schafe gehütet und konnte auf primitive Weise Feuer machen: Ein Stück hartes Holz wird auf einem Stück weichem Holz gerieben, dazu kommt ein Häufchen trockenes Gras, und das war's. Nachdem er es uns beigebracht hatte, wurde es zu einem der Lieblingsspiele der Truppe, und wir veranstalteten Wettbewerbe unter den

Patrouillen, wer am schnellsten einen Holzstoß in Brand setzen konnte.

Ich verlangte von meinen Pfadfindern, daß sie lernten, wie man Pflanzen und Bäume erkennt und wozu man sie gebrauchen kann. Die jungen Afrikaner waren bei diesem Spiel unschlagbar: Selbst diejenigen, die in der Stadt oder weit entfernt von ihrem Heimatort wohnten, wußten genau darüber Bescheid, womit man Durchfall oder Kopfschmerzen heilte oder was man zum Bau von Hütten verwendete. Ihre enge Vertrautheit mit der Natur war erstaunlich.

Als eine weitere sinnvolle Prüfung erschien mir das Kartenlesen, für das sie eine natürliche Begabung besaßen. Es war gerade die Zeit der Mau-Mau-Aufstände; als Offizier der Reservepolizei besaß ich Generalstabskarten, die meine Pfadfinder mühelos entschlüsseln konnten, und sie hatten großen Spaß dabei. Ein Afrikaner kann einen genauen Plan seiner Gegend in den Sand zeichnen, ohne jemals ein Vorlage dafür gesehen zu haben.

Als wieder Frieden herrschte, schenkte mir ein indischer Kaufmann, der überschüssige Armeebestände verkaufte, einige Armeezelte. Eines errichteten wir am Ufer des Naivashasees, von wo aus wir einen Ausflug um den Longonot-Vulkan herum unternahmen. Dort waren Soldaten des großen schottischen Black-Watch-Regiments stationiert, die auf den Abhängen des Vulkans ein Abendständchen auf dem Dudelsack spielten. Die Nacht brach herein, der Gipfel war von Nebelschwaden eingehüllt – eine großartige Szenerie. Unvergeßlich ist mir auch unsere Reise nach Nyeri zum hundertsten Geburtstag von Baden-

Powell im Jahre 1957. Zusammen mit Pfadfindern aus der ganzen Welt defilierten wir an seinem Grab vorbei, um das Andenken an den Gründer der Bewegung zu ehren.
Ich bedaure es nicht, viel von meiner Energie und meiner Zeit den Pfadfindern geschenkt zu haben, wurde es mir doch dadurch möglich, Jugendliche aus verschiedenen gesellschaftlichen Gruppen zusammenzubringen und ihr Verständnis füreinander zu wecken. Und indem ich ihnen Kurse in Erster Hilfe gab, konnte ich sie auch für medizinische Anliegen sensibilisieren. Ich habe ihnen ganz einfach die Möglichkeit gegeben, den Sorgen einer leidvollen Zeit zu entfliehen, in der ihre Zukunft unsicher erschien. Für sie war meine Farm ein kleines Paradies, in dem sie sich uneingeschränkt bewegen, Bäume fällen, Gerüste aufstellen und Hütten bauen konnten, was ihnen die anderen Farmer nicht unbedingt erlaubt hätten.
Es mag heute altmodisch klingen, aber ich bleibe dabei, daß die Pfadfinderbewegung immer noch eine ausgezeichnete Schule für Initiative und Courage ist. Ich kenne dafür mindestens ein Beispiel: Eine unserer Pfadfinderinnen, sie war Patrouillenführerin, lebte in einem kleinen Kikuju-Dorf, das von den Mau-Mau angegriffen wurde. Einer der Rebellen feuerte durch die Tür und traf die Mutter des Mädchens; es bewahrte einen kühlen Kopf und rannte in der Nacht durch den Busch, um Hilfe zu holen. Ihr Mut hat es ermöglicht, daß ihre schwerverletzte Mutter gerettet werden konnte.
Als ich Ol Kalou nach der Unabhängigkeit verlassen mußte, konnte ich mich nicht weiter um meine Pfadfinder kümmern. Die Afrikaner haben das übernommen, und die

Pfadfinderbewegung in Kenia ist immer noch lebendig. Von Zeit zu Zeit habe ich die Freude, Männer oder Frauen wiederzutreffen, die früher in meiner Truppe waren und noch gerne daran zurückdenken.

Nachdem schon fünf Jahre lang die Unruhe im verborgenen geschwelt hatte, brach 1952 der Mau-Mau-Aufstand los. Am 20. Oktober, nach dem Anschlag auf Häuptling Waruhiu, wurde der Ausnahmezustand ausgerufen. Jomo Kenyatta, der Führer der nationalistischen Partei, wurde zusammen mit fünf seiner Vertrauten zu sieben Jahren Zwangsarbeit verurteilt und in den Norden, in die Nähe des Turkanasees, deportiert. Man beschuldigte sie, an der Spitze des Aufstands zu stehen, was sie jedoch leugneten.
Ab diesem Zeitpunkt bildeten sich Widerstandsgruppen in den Aberdarebergen und am Mount Kenya. Fünfzehntausend Kämpfer aus den Wäldern waren eine ständige Bedrohung für die Polizeiposten, die regierungstreuen Dörfer und die Farmen der Europäer. Die große Mau-Mau-Offensive dauerte vom März 1953 bis Ende 1954; ihr bedeutendster militärischer Erfolg war der Überfall auf die Polizeistation von Naivasha am 26. März 1953.
Die Briten mobilisierten fünfzigtausend Mann für den Angriff auf den Busch, während die Rebellen vor allem ihre eigenen Stammesgenossen, die Kikuju, bekämpften, die sich der Kolonialregierung gegenüber loyal zeigten oder neutral bleiben wollten. Unter den Mau-Mau-Rebellen galt die Praxis des »Blutschwurs«, womit man sich verpflichtete, die Sache der Freiheit zu verteidigen und sich völlig zu isolieren, selbst vom eigenen Familienverband.

Dieser Eid nannte sich »Muma«, was sich zu Mau-Mau umbilden ließ, dem Namen, den die Engländer den Rebellen gaben. Interessanterweise ist die tatsächliche Herkunft dieser Bezeichnung ungewiß; die Mau-Mau selbst nannten sich »Freiheitskämpfer«.

Die Rebellen wurden in kleinen Gruppen und meist in der Abenddämmerung aktiv; tagsüber verbargen sie sich im Busch und in den Bergen. Sie griffen weder Städte an noch Gebiete, die von anderen Stämmen bewohnt waren. In der Gegend um die Aberdareberge waren sie am gefährlichsten – wir in Ol Kalou befanden uns also im Zentrum des Konflikts.

Der letztendliche Erfolg der Briten in diesem Untergrundkampf hatte seine Ursache darin, daß sie sich schließlich derselben Guerillamethoden bedienten wie ihre Gegner. Obwohl sie weniger gut ausgerüstet waren als die Amerikaner in Vietnam, brachte sie gerade dieser Mangel auf eine viel erfolgreichere Kriegstaktik: Sie setzten hauptsächlich Patrouillen aus je sechs Berufssoldaten sowie zusätzliche Hilfstruppen ein, Ex-Rebellen, die die Seite gewechselt hatten, und regierungstreue Kikuju-Polizisten, die von Weißen befehligt wurden. Ziel dieser Truppen war es, sich als angebliche Sympathisanten in die Mau-Mau-Lager einzuschleichen.

Der Krieg wurde im Busch und im Dschungel mit unerbittlicher Härte geführt, unter klimatischen Bedingungen, die von tropischer Hitze bis zur Kälte des Hochlands reichten. In Kenia weicht der Wald, der auf den unteren Abhängen wächst, mit zunehmender Höhe dichtem Bambus, den man abhauen muß, um sich einen Weg zu bahnen, wenn man nicht zufällig auf einen Trampelpfad der Großtiere trifft. Über 3000 Meter Höhe findet sich eine Art Heidelandschaft, in der Heidekraut und bis zu vier Meter hohe Riesenlobelien wachsen. In dieser Umgebung waren die Lager der Rebellen schwer aufzuspüren. Wirksamer war es, den Lebensmittelnachschub zu unterbrechen, den die Kikuju der Umgebung in die Camps brachten.

Immerhin gelang es den Briten, die wichtigsten Stützpunkte der Rebellen zu zerstören und 1954 mit General China einen hochrangigen Anführer gefangenzunehmen. Die Landbevölkerung siedelte man in Wehrdörfer um, und schließlich kam es 1954 zur Operation »Anvil« (Amboß), einer Massenverhaftung unter der Stadtbevölkerung von Nairobi, bei der an die hunderttausend Personen festgenommen wurden. Die Aktion war erfolgreich: Der Widerstand war nun von der Hilfe aus den Dörfern und der Hauptstadt abgeschnitten und brach in sich zusammen.

Am 7. Oktober 1956 gelang es den Hilfstruppen, in den Aberdares Dedan Kimathi, den letzten bedeutenden Mau-Mau-Anführer, zu verwunden und gefangenzunehmen; er wurde verurteilt und gehängt.

Unter der Zivilbevölkerung hatte der Krieg 32 Europäer, 1819 Afrikaner und 26 Asiaten das Leben gekostet, bei den Streitkräften waren unter den Toten 63 Europäer, 12 Asiaten und 101 Afrikaner. Man schätzt die Zahl der getöteten Mau-Mau-Krieger auf 11 500, tausend davon wurden gehängt. Aus militärischer Sicht war der Aufstand gescheitert; doch in der Folge sollte nichts so bleiben, wie es war.

Reformen waren nicht mehr aufzuhalten, und am Ende stand die Unabhängigkeit.
Als Französin war ich nicht ganz auf dem laufenden, was die Details der britischen Kolonialpolitik betraf, aber ich habe bald erfahren, was die Kikuju ihren Kolonialherren vorwarfen. Dieser Volksstamm war im Laufe der letzten fünfzig Jahre britischer Herrschaft von fünfzigtausend auf mehr als eine Million angewachsen. Da die Kikuju ein Volk von seßhaften Bauern sind, brauchten sie mehr Land, als ihnen zugesprochen worden war. Sie beschuldigten die Engländer, ihnen Gebiete weggenommen zu haben, die ihnen rechtmäßig zustanden, während jene argumentierten, diese Gebiete seien bei ihrem Eintreffen unbewohnt gewesen, es habe dort bloß Massai-Nomaden gegeben, die sich dann bereit erklärt hätten, weiter in den Süden in die Gegend um Narok zu ziehen, wo sie auch geeignetere Böden fanden. Tatsächlich waren die Engländer um 1900 auf unbewohntes Gebiet gestoßen: Gegen Ende des letzten Jahrhunderts hatten Pest- und Pockenepidemien den Landstrich leergefegt. Doch die Kikuju wollten das Land nicht aufgeben, das die Erde ihrer Ahnen war.
Dieser Konflikt wurde noch geschürt durch den Streit über die Beschneidung der Mädchen. Die Kolonialregierung war immer gegen diese Praxis gewesen, hatte sie aber toleriert, in der Hoffnung, daß sie bei besserer Bildung ohnehin bald der Vergangenheit angehören würde. 1951 aber entfachte ein Missionar der Kirche von Schottland den Streit von neuem, als er heftig gegen diesen Brauch wetterte; die Kikuju-Häuptlinge reagierten sehr gereizt auf diese Einmischung in ihre Angelegenheiten.

Auch in diesem Fall hätte die Katastrophe verhindert werden können, wenn man für Verständigung zwischen den Bevölkerungsteilen gesorgt hätte, wenn die schwarzen und weißen Kinder Kenias miteinander hätten reden können. Da aber niemand sich die Mühe machte, sich mit den Kikuju zusammenzusetzen, fraßen sie ihren Groll in sich hinein, bis Anführer wie Kenyatta oder Kaggia, die eine höhere Bildung besaßen, sich den wachsenden Haß zunutze zu machen wußten.

Ich selbst behandelte beide, Kikuju wie weiße Kolonisten, und mußte im Grunde für niemanden Partei ergreifen – bis zu jenem finsteren Tag, als es wirklich darauf ankam, mein Leben und meinen Besitz zu verteidigen. Es ist der klassische Mechanismus des Terrors: Anschläge provozieren Repressalien, die ihrerseits wieder neue Gewalttaten nach sich ziehen. Es ist ziemlich schwer, sich dem zu entziehen, wenn man selbst im Zentrum des Konflikts steht und eine potentielle Zielscheibe bildet. So kam es, daß ich mich wie alle anderen bewaffnete und zur Bürgerwehr meldete, während ich gleichzeitig versuchte, weiterhin meinen Beruf als Ärztin auszuüben.

Mit Beginn des Jahres 1952 fingen wir an, seltsame Dinge zu beobachten. Die Landarbeiter erhielten mysteriöse Botschaften und verschwanden daraufhin von den Farmen; morgens fanden wir auf den Weiden tote Tiere und andere, denen man die Achillessehnen durchtrennt hatte.

Nach der Verhaftung Kenyattas, der beschuldigt wurde, der Anführer von »Obskurantismus und Tod« zu sein, eskalierte die Lage. Wir durften nicht mehr auf den Farmen schlafen, sondern mußten uns nachts im Pfarrhaus von Ol

Kalou aufhalten; die Farmen wurden der Obhut von Wachen überlassen. Anderswo wurden große Farmen zu Treffpunkten mit Schlafsälen umfunktioniert. Dieser ziemlich unbehagliche Zustand dauerte fast drei Monate; dann, als die Behörden die Situation etwas klarer sahen und festgestellt hatten, daß keine mit Assagais bewaffneten Horden von den Bergen herab über uns herfallen würden, überließen sie uns die Verantwortung für unsere eigene Sicherheit.

Von nun an blieben wir zu Hause und verbarrikadierten uns. Sobald die Nacht anbrach, zündete man ein großes Feuer an, damit die Kämpfer nicht durch den Kamin eindringen konnten, schloß die Türen ab und behielt die Schlüssel bei sich, denn viele Leute waren von Banden getötet worden, die vorher die Bediensteten gezwungen hatten, sie hereinzulassen. Als zusätzliche Vorsichtsmaßnahme schob man einen großen Tisch vor die Tür. Während des Essens legte man seine Waffen griffbereit auf den Tisch.

Die Situation wäre viel kritischer gewesen, wenn die Mau-Mau über moderne Waffen verfügt hätten. Zum Glück war es eine vollkommen autonome Bewegung, die von keiner ausländischen Macht unterstützt wurde. Ich wage mir kaum vorzustellen, was passiert wäre, wenn die Mau-Mau, so wie viele andere Aufständische in anderen Teilen der Welt, mit Kalaschnikows ausgerüstet worden wären. Diejenigen, die im Haschischrausch die Farmen angriffen, besaßen lediglich Buschmesser, ihre wenigen Feuerwaffen waren von Hand gefertigt und ziemlich primitiv; sie konnten für den Schützen ebenso gefährlich sein wie für sein

Ziel. Ich bewahre einige davon auf meiner Farm in Subukia als Andenken auf.
Auch meine Offiziersmütze habe ich aufgehoben. Wir ritten uniformiert auf Streife, auf den Pferden, auf denen wir sonst Polo spielten. Während dieser Jahre habe ich mich selten von meinem großen Revolver Kaliber 38 getrennt.
Hin und wieder mußte ich nach Nairobi fahren; dann verließ ich die Stadt immer erst gegen elf Uhr abends, da die Rebellen um diese Zeit nicht angriffen, und zwar aus dem einfachen Grund, weil niemand mehr unterwegs war. Als ich eines Nachts auf der alten Straße einen Abhang hinunterfuhr, sah ich Rauch von der Spitze eines Hügels herunterwehen; mit einem ziemlich mulmigen Gefühl legte ich meinen Revolver bereit und fuhr dann so schnell wie möglich weiter. Auch in Naivasha schien etwas Seltsames vor sich zu gehen. Bei meiner Ankunft in Ol Kalou erfuhr ich dann, daß es in Lari ein Massaker gegeben hatte und daß der Rauch, den ich gesehen hatte, von den brennenden Hütten stammte. Die Mau-Mau hatten ein christliches Kikujudorf überfallen; dort lebten Baptisten, die zur großen Mission von Kijabe gehörten. Die Christen wollten sich der Mau-Mau-Bewegung nicht anschließen; vor allem die barbarischen Initiationsriten stießen sie ab. Und auch meine böse Ahnung vor Naivasha war begründet gewesen: Im selben Augenblick, als ich dort vorbeigefahren war, war der große Angriff auf die Polizeistation in Gang gewesen. Ich war in einer Nacht zweimal hintereinander sehr knapp dem Tod entgangen.
Das Risiko war allgegenwärtig, aber es herrschte kein

wirklicher Kriegszustand, ja, wir setzten sogar mitten im Aufstandsgebiet unsere Hetzjagden fort. Die Revolte blieb auf das Kikuju-Gebiet beschränkt und griff nicht auf den Rest des Landes über, wie ihre Anführer gehofft hatten. Die anderen großen Stämme, wie die Massai oder die Samburu, lehnten die Mau-Mau-Bewegung ab, und viele von ihnen kämpften auf Seiten der Briten. Die Hotels in Nairobi waren voll, und im Süden drehte Henry King zur selben Zeit mit Gregory Peck, Ava Gardner und Susan Hayward »Schnee am Kilimandscharo« nach der Erzählung von Hemingway. Während des Ausnahmezustands wurde in unserem Gebiet sogar – aus strategischen Gründen – eine schöne Straße gebaut; seither kann man von Subukia nach Ol Kalou fahren, ohne den weiten Umweg über Nakuru zu machen. Es ist eben alles zu etwas gut.

In Kenia lebten damals etwa hunderttausend Europäer, unter denen der Krieg verhältnismäßig wenige Opfer forderte. Viele wurden durch versehentlich ausgelöste Schüsse verletzt – alle erwachsenen Zivilisten besaßen Waffen, und auch die Mitglieder der Reservepolizei hatten nicht immer die nötige Ausbildung. Zahlreiche Patronen trafen das falsche Ziel, und ich hatte des öfteren Gelegenheit, meine praktischen Kenntnisse in Traumatologie zu vertiefen.

Es ist fünf Uhr morgens; ein Unteroffizier klopft an meine Tür:

»Sie müssen kommen, Doktor, es hat einen schweren Unfall gegeben.«

Ich nehme meinen Erste-Hilfe-Koffer und folge ihm zum Auto. So schnell wie nur möglich fahren wir hundert Kilometer, dann kommen wir zu einem Militärlastwagen, der am Rande eines Abgrunds auf der Straße steht. Der Schädel des Fahrers ist von einer Gewehrkugel halb weggerissen worden; der Schuß scheint aus nächster Nähe abgefeuert worden zu sein. Ich kann nichts mehr für ihn tun.

Es war tragisch einfach: Die Patrouille hatte die ganze Nacht auf der Lauer gelegen, dann hatte ein Lastwagen die Männer abgeholt, um sie zurück zum Camp zu bringen. Bevor sie ins Fahrzeug stiegen, hätte der Unteroffizier sich vergewissern müssen, daß die Gewehre entladen waren, eine elementare Sicherheitsmaßregel, die aber nicht befolgt wurde. Einer der Soldaten setzte sich hinter den Fahrer auf das Reserverad und stützte sich auf sein Gewehr. Hatte er sich an einer holprigen Stelle daran geklammert? Der Schuß ging los und traf den Fahrer in den Kopf.

Der Unteroffizier auf dem Beifahrersitz konnte den Motor abstellen und den Wagen zum Stehen bringen, bevor er in die Schlucht stürzte. Meine Rolle beschränkte sich darauf, den Tod festzustellen und dem Unteroffizier, der sich verantwortlich fühlte, sowie dem Soldaten, der den Schuß abgegeben hatte und zusammengebrochen war, Beruhigungsmittel zu verabreichen.

Eines Abends traf ich beim Nachhausekommen einen uniformierten Oberleutnant an, der bäuchlings auf meinem Sofa lag. Er war als Anführer eines Erkundungstrupps unterwegs gewesen, als der Kerl hinter ihm ein 9-mm-Geschoß aus einem Patchett-Gewehr abfeuerte. Er hatte starke Schmerzen und war vor allem beschämt über die wenig ruhmvolle, glücklicherweise nur leichte Verletzung.

Nachdem ich das Nötigste für ihn getan hatte, brachte ich ihn ins Krankenhaus von Nakuru.

Ein andermal wurde ich mitten in der Nacht geholt, was mich wenig überraschte, da ich wußte, daß in den Aberdarebergen gerade eine großangelegte Operation im Gange war. Das Gebiet war abgeriegelt, und Zivilisten war das Betreten drei Tage lang verboten.

In der Dämmerung hatte eine Streife der KPR, der Reservepolizei, über den Bäumen aufsteigenden Rauch bemerkt. Der Patrouillenführer schloß daraus, daß sich dort eine Gruppe der Rebellen aufhielt, die eben ihr Essen zubereitete, und entschied sich, mit fünf seiner Männer einen nächtlichen Angriff zu starten. Das war nicht sehr schlau; er hätte wissen müssen, daß die Mau-Mau keine solchen Fehler begingen. Diese Reservepolizisten waren Farmbewohner wie ich; man hatte ihnen zwar eine Uniform und eine Waffe gegeben, aber keine militärische Ausbildung.

Die Patrouille bahnte sich einen Weg durch den Wald, sah schattenhafte Gestalten um ein Lagerfeuer sitzen und eröffnete sofort das Feuer, ohne lange zu überlegen. Ein Mann brach zusammen; die anderen flüchteten, und die KPR-Leute machten sich an die Verfolgung, als sie plötzlich in englischer Sprache angerufen wurden: »Halt, wer da?« Die Verfolgten hatten kehrtgemacht: Es waren Soldaten, reguläre Soldaten des Gloucester-Regiments, lauter junge Rekruten. Der einzige Veteran war der Verwundete, ein Unteroffizier aus dem Koreakrieg. Er wurde auf einer Trage bis in die Ebene hinuntergebracht, dann transportierte ich ihn ins Krankenhaus von Nakuru, wo man ihm eine Niere und einen Teil der Leber entfernen mußte. Er war noch einmal relativ glimpflich davongekommen. Ein Glück, daß die Soldaten nicht ihrerseits das Feuer erwidert hatten, ohne nachzudenken; das hätte ein Massaker gegeben. Ihre Waffen waren ungleich schlagkräftiger als die kleinen Patchett-Gewehre der Farmer.

Trotz all dieser Zwischenfälle während des Aufstands unternahm ich weiterhin nachts Krankenbesuche. Äußerst unangenehm war, daß die Farmen bis 1955 keinen Telefonanschluß hatten. Wenn ein Kind krank war oder bei einer Frau die Wehen einsetzten, wurde ich einfach mit dem Auto abgeholt, ohne vorher verständigt worden zu sein. Oft mußte ich dann bei der Ankunft feststellen, daß die Sache gar nicht so dringend war. Auch wenn man mir versprochen hatte, mich unverzüglich wieder nach Hause zu bringen, fand sich immer eine Ausrede, um mich so lange wie möglich dazubehalten, so daß ich mich manchmal fast wie eine Gefangene fühlte. Das änderte sich, als ich beschloß, in meinem eigenen Wagen hinter dem Farmer herzufahren, so daß ich zurückkehren konnte, wann es mir paßte.

Bei diesen nächtlichen Visiten kam ich nie in Gefahr, griffen doch die Mau-Mau vorzugsweise am Abend an, wenn noch Leute unterwegs waren. Ich nehme an, daß sie sich nachts in ihre Schlupfwinkel im Wald zurückzogen, um Versammlungen abzuhalten oder ihre mysteriösen Riten zu praktizieren. Dennoch war ich ständig bewaffnet und nahm immer zwei meiner kräftigen Hunde mit, die sehr respekteinflößend wirkten.

Hunde sind seit vielen Jahren meine treuen Begleiter und Wächter. Der erste war ein Bullterrier, von mir Winny getauft, weil er erstaunliche Ähnlichkeit mit Winston Churchill besaß. Er hat nicht lange gelebt; er fiel dem Zeckenbißfieber zum Opfer, dem ich damals noch nicht die nötige Aufmerksamkeit schenkte. Das Tier wird anämisch, seine Lefzen werden blaß, die Milz vergrößert sich, und der Puls wird schneller. Die Krankheit ist tödlich, wenn man keine Gegenmaßnahmen ergreift.

Bully, der zweite, war ein Ridge-Back-Terrier; diese furchtlose Rasse wurde in Rhodesien für die Löwenjagd abgerichtet. Dann gab es noch Punch, eine Tochter von Bully, außerdem Buck und Judy, und dann Suzy, die letzte aus dieser Linie.

All diese Gefährten sind untrennbar mit meinen Erinnerungen an Ol Kalou verbunden. Sie haben mich überallhin begleitet und mir einiges an Aufregung beschert, da sie leidenschaftliche Jäger waren und in der Umgebung vollkommene Freiheit besaßen, ihre Talente zu nutzen. So rasten Buck und Judy eines Tages einmal wie der Blitz davon und blieben den ganzen Tag und auch die Nacht über verschwunden. Am nächsten Mittag beschloß ich, mich auf die Suche nach ihnen zu machen. Durch strömenden Gewitterregen ritt ich von Farm zu Farm und von Dorf zu Dorf, um zu fragen, ob jemand meine Hunde gesehen hätte. Nach Stunden hörte ich ihr Gebell und fand sie schließlich im Wald: Sie waren immer noch dem Tier auf der Fährte, dessentwegen sie losgelaufen waren. Es mußte ein Wildschwein sein, ihre liebste Beute. Obwohl Buck bereits schlechte Erfahrungen mit einem dieser Tiere gemacht hatte (seit damals fehlte ihm die Schwanzspitze), hatte ihn das nicht von der Jagdlust geheilt.

Judys Verlust machte mich besonders traurig. Mit meinem Vater und Freunden zusammen war ich nördlich von Nanyuki in einer menschenleeren Gegend mit dem Auto unterwegs, als uns plötzlich eine Herde Giraffen über den Weg lief. Die Hündin zerriß ihre Leine und sprang aus dem Fenster, um sie zu verfolgen. Wir haben stundenlang gewartet und gerufen, aber sie kehrte nicht wieder. Ich bin oft in diese Gegend zurückgekommen und habe eine hohe Belohnung ausgesetzt, aber Judy habe ich nie wiedergefunden.

Für Europäer in Afrika ist es besonders wichtig, einen Hund bei sich zu haben; mit unseren kümmerlichen, durch die Zivilisation abgestumpften Sinnen vermögen wir die Zeichen der Natur nicht mehr zu deuten. Sie jedoch können es, und damit sind sie uns eine notwendige Ergänzung, um Gefahren zu vermeiden, ein feindseliges Tier auszumachen und auf Distanz zu halten oder einfach, um den Weg wiederzufinden, wenn man die Orientierung verloren hat.

1959 wurde ich Eigentümerin von Ol Kalou, und zwar nicht ganz freiwillig. Zu der Farm, auf der ich mein Haus gemietet hatte, gehörten 500 Hektar Land. Mary Patten, die Eigentümerin, nutzte nur 70 davon und verpachtete den Rest an einen Farmer, einen gewissen Plater, zu dem ich ein eher mittelprächtiges Verhältnis hatte: Er stammte aus Südtirol und war anscheinend während des Ersten Weltkriegs ein strammer Mustersoldat gewesen.

Nach dem Tod Mary Pattens teilte mir der Erbe, ihr Patenkind, mit, Plater wolle das Land haben und mir die 70

Hektar wegnehmen, die ich als Weidefläche für meine Pferde nutzte. Als Lösung schlug er vor, daß ich alles kaufen sollte; Plater habe nicht das Geld, um die ganze Farm zu erwerben.

Mir war durchaus klar, daß es ihm gelegen kam, dank dieser kleinen Erpressung zu einem höheren Preis verkaufen zu können. Doch ich habe die Entscheidung nicht bereut: Farmerin zu werden gefiel mir sehr. Der Hang zur Scholle lag bei uns in der Familie; mein Vater hatte bereits während des Krieges seine Fähigkeiten als Landwirt bewiesen, als er die Seinen von den Produkten Cavalaires ernährte.

Einen großen landwirtschaftlichen Betrieb zu leiten war für mich natürlich eine seltsame Vorstellung, um so mehr, da ich überhaupt keine Werkzeuge besaß. Doch meine Nachbarn standen mir bei. Neville Griffin versicherte mir: »Es ist ganz einfach: Sie brauchen einen Traktor, einen Pflug und eine Egge.«

Die Egge kaufte ich für 40 Shilling; ich habe sie immer noch. Bei einer Versteigerung fand ich außerdem einen kleinen Massey-Ferguson-Traktor mit Anhänger für 150 Pfund und einen Pflug, den ich auf den Anhänger packte. Ich suchte mir einen Burschen, der den Traktor fuhr, und folgte selbst voller Stolz im Auto. Der Massey-Ferguson ist noch heute auf meiner jetzigen Farm in Subukia in Betrieb.

Der Anbau auf dem kenianischen Hochland ähnelt dem in Europa. Auf 2500 Metern wachsen die Pflanzen langsam, und man kann nicht zweimal im Jahr ernten wie auf den tiefer gelegenen und wärmeren Böden. Natürlich habe ich nicht mehr als 50 oder 60 Hektar von den 500, die ich besaß, bewirtschaftet; der Rest blieb Wald oder Weidefläche.

Zur Regenzeit im März oder April wurde das Getreide ausgesät, und zwischen November und Weihnachten erntete man Weizen und Gerste sowie Hafer für das Vieh. Zusätzlich zu den Pferden hatte ich Milchkühe, Rinder als Schlachtvieh und 400 Schafe, die jedes Jahr im Juli geschoren wurden. Eine Zeitlang versuchte ich es auch mit der Schweinezucht, die sich jedoch kaum lohnte, so daß ich sie wieder aufgab. Auf 15 Hektar pflanzte ich außerdem Pyrethrum an, eine Pflanze mit weißen Blüten, die nahe mit den Chrysanthemen verwandt ist und ein natürliches Insektizid liefert. Trotz der modernen Agrochemie ist Pyrethrum immer noch ein wichtiger Rohstoff für Kenia.

Wenngleich das Klima durch die große Höhe mild und günstig ist und die vulkanischen Böden fruchtbar sind, gestaltet sich die Landwirtschaft am Äquator doch keineswegs einfach. Während all dieser Jahre haben wir ebenso schlimme Dürrezeiten wie Überschwemmungen erlebt. Ich habe gesehen, wie der Nakurusee acht Jahre lang völlig ausgetrocknet war und nur noch aus einer riesigen Fläche weißen Natriumkarbonats bestand, das im Sommer von heißen Luftwirbeln zu großen Wolken aufgeweht wurde und sich dann über der Stadt und den umliegenden Feldern verteilte. 1961 füllte sich der See dann wieder. Nach den Erzählungen der in dieser Gegend beheimateten Massai soll selbst der weit größere Naivashasee einmal völlig ausgetrocknet gewesen sein.

Bei einer so launenhaften Natur und derartigen Wetterschwankungen wird verständlich, daß ein landwirtschaftlicher Betrieb in Kenia nicht gerade den sichersten Weg darstellt, um zu einem Vermögen zu kommen. Sehr wenige haben das geschafft; ich war jedenfalls nicht darunter. Aber es war ein herrliches Leben, das ich nicht aufgegeben hätte, wenn nicht die Geschichte anders entschieden hätte.

Ab 1956 spürte man, daß sich in der Politik etwas anbahnte. Sowohl unter den Europäern als auch unter den Afrikanern gab es zahlreiche konkurrierende Fraktionen und Parteien, doch im Land war es ruhig, und alles lief normal. Die Grundstückspreise waren auf dem höchsten Stand, ein deutliches Zeichen für das Vertrauen der Kolonisten in die Zukunft. Ich merkte das, als ich 1959 für meine Farm 10 000 Pfund Sterling bezahlen mußte, was eine Menge Geld war.

Die Konferenz von Lancaster House 1960 in London schlug dann ein wie ein Blitz aus heiterem Himmel. Den in Kenia lebenden Europäern wurde mit einem Schlag klar, daß die Regierung Ihrer Majestät nicht mehr hinter ihnen stand und daß die Unabhängigkeit nicht aufzuhalten war. Kenyatta bekam im Norden, in Lodwar, eine bewachte Wohnung zugewiesen und wurde dann am 1. August 1961 von Gouverneur Sir Patrick Renison auf freien Fuß gesetzt, damit er sich an dem schwierigen Prozeß beteiligen konnte, sein Land in die Souveränität zu führen.

Von da an ging alles sehr schnell. Sein hohes Ansehen half Kenyatta, den Parteienhader unter seinen Landsleuten zu überwinden. Seine eigene Partei, die KANU (Kenya African National Union), gewann 1963 die Parlamentswahlen, und am 2. Juni wurde Kenyatta Premierminister der ersten afrikanischen Regierung Kenias. Bereits am 12. Dezember 1963 proklamierte das Land die Unabhängigkeit, vierundzwanzig Monate nach Tanganjika und fünfzehn Monate nach Uganda. Das britische Empire in Afrika existierte nicht mehr.

Kenyatta suchte sogleich die europäischen Farmer zu beschwichtigen, um einen Massenexodus zu verhindern, der Wirtschaft und Stabilität des Landes ernsthaft geschwächt hätte. Allerdings konnte er nicht alle überzeugen: Viele gingen nach Südafrika, Rhodesien, Australien oder Neuseeland (einige sind übrigens später wieder zurückgekehrt). Für die Kolonisten aus Südafrika war der Schreck offensichtlich – und verständlicherweise – am größten, und sie verschwanden auch als erste.

Ich bin Kenyatta einmal in Ol Kalou begegnet, als er Premierminister war. Es war ihm ein großes Anliegen, eine Versammlung der Kolonisten in der Region einzuberufen, um ihnen seine Politik zu erläutern. Wer bleiben wolle, der könne und solle das tun, meinte er. Seine Argumente waren um so bestechender, als er sich von den Russen und Chinesen distanzierte und offenkundig kein Kommunist war. In dieser Hinsicht war er damals zweifellos einzigartig unter den neuen politischen Führern in Afrika, und das ist Kenia in der Folge ganz gut bekommen.

Kenyatta war ein exzellenter und gewandter Politiker, der bei den Europäern Vertrauen erweckte, da er lange Zeit in England gelebt und eine Engländerin geheiratet hatte. Er verstand es, die Extremisten zu bremsen, die alles wollten, und zwar sofort, und er legte Wert auf gute Beziehungen zu London, blieb doch Kenia wirtschaftlich von Großbritannien abhängig. Von dort kamen die Kredite, mit denen der Rückkauf der Plantagen und Farmen von den Europäern finanziert wurde, so daß das Land an afrikanische Familien verteilt werden konnte. Mehr noch, die Entschädigungen für die enteigneten Farmer wurden direkt von London bezahlt.

Auch in meinem Fall war das so. Ich mußte der Regierung meinen gesamten Grundbesitz in Ol Kalou verkaufen; es gehörte zu dem Gebiet, auf dem das »Million Acre Scheme«-Projekt durchgeführt wurde. Dabei teilte man die großen Farmen der Gegend in zwanzig Hektar große Parzellen auf und gab diese an Afrikaner weiter, die bereits Erfahrung in der Landwirtschaft hatten. Ich muß dazu sagen, daß ich zu anständigen Bedingungen enteignet wurde und daß dieses System in der Folgezeit gut funktioniert hat. Die Region ist immer noch eine der fruchtbarsten und produktivsten des Landes.

Ich war die letzte Europäerin in Ol Kalou; nach dem Verkauf meiner Farm konnte ich ein Jahr lang weiter dort wohnen und sah nach und nach meine Nachbarn und Freunde, und damit auch meine Patienten, weggehen; nun war ich keine Farmerin mehr und auch keine Landärztin. Ich stand wieder am Anfang und machte mich erneut auf die Suche nach einer Anstellung im staatlichen Gesundheitsdienst. Kenia verlassen? Das kam für mich auf keinen Fall in Frage.

Im Gesundheitswesen hatte der Weggang der weißen Kolonisten weitreichende Konsequenzen. Zuvor hatten sie die Patienten, die zu ihrem Personal oder ihrer Familie gehörten, bei einer Entbindung oder einer schweren Krankheit selbst ins Krankenhaus gebracht, nun mußte man für diese Aufgabe einen neuen Transportdienst aufbauen, und das um so dringender, als die vom Staat angestellten englischen Ärzte ebenfalls fort waren. Im neuen Verwaltungsbezirk Nyandura suchte man einen Arzt für die Gegend der Thomson's Falls, da das einzige Krankenhaus des Bezirks zu weit entfernt war. Ich nahm die Stelle an und unterzeichnete einen Zweijahresvertrag. Nun fand keiner mehr, daß die Aufgabe zu schwer für eine Frau sei; man hatte gar keine Wahl.

Es war tatsächlich ein Riesenvorhaben, da der Distrikt sich über hundert Kilometer bis in den Süden der Aberdareberge erstreckte. Die medizinische Infrastruktur mußte von Grund auf aus dem Nichts neu aufgebaut werden. Mit einem sehr mageren Budget mußte ich Gebäude finden, in denen Krankenstationen eingerichtet werden konnten, und Personal einstellen, so gut es ging. Das Provisorium, das ich zustande brachte, hat ziemlich lange und gut funktioniert. Ich kaufte zwei gebrauchte Landrover und ließ sie instand setzen; nach dem Massenexodus der Farmer herrschte an solchen Fahrzeugen kein Mangel. Mit einem Fahrer und einem Gesundheitsbeauftragten bemannt, mit Medikamenten und Klapptischen für die mobilen Ordinationen fuhr jedes Fahrzeug zweimal pro Woche eine Runde mit fünf verschiedenen Stationen, so daß wir auf diese Weise eine kontinuierliche medizinische

Versorgung an zehn Orten im Bezirk sicherstellen konnten. Nachts standen die Autos für Notfälle bereit.
An jedem Ort, den wir aufsuchten, hatten wir in einer Schule oder bei einem Händler einen Sprechstundenraum organisiert. Das System funktionierte das ganze Jahr über zuverlässig und regelmäßig, und ich glaube, daß die Bezirksverwaltung damit recht zufrieden war.
Ich war inzwischen in Ol Kalou ausgezogen und mußte mir nun für die zwei Jahre, die mein Vertrag mit der Regierung lief, eine neue Bleibe suchen. Das war nicht leicht, wenn man ständig unterwegs war, aber ich hatte bereits eine Idee. Damals war ich eben dabei, auf einem Gelände bei Subukia, etwa fünfzig Kilometer nördlich von Ol Kalou, das Fliegen zu lernen, und die Wohnung sollte möglichst in der Nähe sein, denn ich spürte bereits, daß die Fliegerei in meinem Leben noch eine äußerst wichtige Rolle spielen würde.
Schließlich fand ich eine kleine Farm direkt in Subukia. Der alte Colonel, der sie gemietet hatte, war kurz zuvor gestorben, und seine Witwe wollte nach Europa zurückkehren. Der in England lebende Eigentümer war zum Verkauf bereit, unter der Bedingung, daß er das Geld über eine englische Bank erhielt. Das war kein Problem, und die Sache war schnell geregelt. Nach der Unabhängigkeit war Land nicht mehr viel wert, und ich habe zweifellos für die Farm weniger ausgegeben als dafür, mich dort einzurichten, aber ich bedauere es nicht, denn sie ist heute noch, dreißig Jahre später, mein offizieller Wohnsitz, mein wahres Heim, in dem ich, Gott sei's geklagt, nur die Wochenenden verbringen kann.

In Subukia habe ich zehn Hektar guter Erde und schöne Bäume. Durch die Felder laufen zwei kleine Bäche, die nie austrocknen; das Tal, in dem sie liegen, ist etwas tiefer als in Ol Kalou und darum etwas wärmer. Die Farm befindet sich direkt am Äquator, aber das Klima ist dort das ganze Jahr über sehr mild. Für die Umzäunung hatte ich meine Pfähle aus Ol Kalou mitgenommen, wertvolles Zedernholz, das nicht fault und gegen Termiten resistent ist.

Mein Haus ist eingeschossig und aus Steinen vulkanischen Ursprungs gebaut, die unter Blumen und Kletterpflanzen völlig verschwinden. Es wird überragt von riesigen Bäumen, auf denen Tokos mit großen gelben Schnäbeln leben. Es gibt einen Salon, ein großes und drei kleinere Zimmer. Dort habe ich meine Bücher, Bilder und Erinnerungen aus fünfundvierzig Jahren Afrika gehortet. Elektrischen Strom gibt es nicht; abends werden die alten Kupferlampen in Betrieb genommen, die mit Petroleum und Druckluft funktionieren. Das warme Wasser fürs Badezimmer kommt aus einer Metalltonne im Hof, unter der ein Holzfeuer brennt.

Für einen Besucher, der nicht daran gewöhnt ist, ist eine Nacht in Subukia keine Erholung. Die Räume sind erfüllt von den Geräuschen der Natur. Am beunruhigendsten ist der Schrei des Baumschliefers: Dieses kleine, nagetierähnliche Geschöpf macht einen fürchterlichen Lärm; zuerst klingt es wie das Knarren einer alten Tür, dann wie Todesschreie, schließlich wie das Weinen eines Kindes. Man könnte meinen, die Tonspur eines Horrorfilms zu hören.

Dazu fällt mir die Geschichte jener Italiener ein, die von den Engländern nach der Rückeroberung Äthiopiens 1941 gefangengenommen und nach Kenia gebracht worden waren. Die einfachen Soldaten wurden als Zwangsarbeiter auf die Farmen gebracht, die Offiziere hingegen in einem Lager in Nayuki, am Fuße des Mount Kenya, inhaftiert. Aus Langeweile und Abenteuerlust beschlossen drei erfahrene Kletterer unter ihnen, das riesige Massiv zu ersteigen; sie stellten eine provisorische Ausrüstung zusammen, horteten Proviant und verließen dann heimlich das Lager. Die Gewalttour gelang ihnen auch, mit ihrer dürftigen Ausrüstung eine wahre Meisterleistung; entkräftet und ausgehungert kehrten sie schließlich heimlich ins Lager zurück, um sich nach einer Erholungspause beim englischen Kommandanten zu melden.

Diese drei so tapferen und unerschrockenen Männer aber hätten, wie sie erzählten, fast schon in der ersten Nacht ihres Aufstiegs aufgegeben: Es waren die Schreie der Baumschliefer, die ihnen kalte Schauer über den Rücken jagten und sie beinahe umkehren ließen. Sie glaubten, daß in der Nähe ein Gemetzel stattfinde, bevor ihnen klar wurde, daß es sich bloß um ein kleines Tier handelte.

Rings um mein Haus und die Nebengebäude tummeln sich Hühner, Puten, Gänse und Hasen, auf den umliegenden Feldern weiden Schafe und ein paar Kühe. Im Gemüsegarten zwischen den Bächen wachsen Salat, Kohl, Karotten und anderes Gemüse. Ich besitze auch dreihundert Kaffeepflanzen und baue Mais an, das Hauptnahrungsmittel in Kenia, von dem sowohl die Menschen als auch das Vieh satt werden. Dadurch kann ich eine ganze kleine Gemeinde um mich herum unterhalten; ich sorge auf meiner Farm für zehn Familien.

Wahrscheinlich kostet mich das alles mehr, als es mir einbringt, aber darum geht es nicht. Es ist die Art zu leben, die ich mir ausgesucht habe und der ich nur schwer Lebewohl sagen könnte. Und schließlich ist mir die Jagd nach dem Geld nicht genug; wichtig ist mir die Verantwortung für andere Menschen, in medizinischer wie in sozialer Hinsicht. Viele meiner Angestellten sind schon seit sehr langer Zeit hier. Mein Verwalter Njuganga, der für den Anbau zuständig ist, arbeitet seit 1953 für mich, und die anderen wurden um 1964 eingestellt. Zu dieser Gruppe aus der Anfangszeit kamen Kinder und Kindeskinder, denen ich den Schulbesuch ermöglicht habe.
Da ich im weiten Umkreis die einzige Ärztin bin, sind auch meine Wochenenden auf der Farm mit Arbeit ausgefüllt. Mit Hilfe des AMREF-Funkgeräts kann ich mit der Zentrale in Nairobi Kontakt halten und auch mit den anderen Farmern in der Gegend in Verbindung treten. Wir haben regelmäßige Gesprächstermine, bei denen wir uns über etwaige Vorkommnisse wie Unfälle oder Viehdiebstähle informieren und Alarm geben können.
Neben dem Haus habe ich einen kleinen Krankenraum eingerichtet, eine strohgedeckte Hütte dient als Wartezimmer. Im Zuge der Mutter-Kind-Untersuchungen sowie der Familienplanung lasse ich regelmäßig die Kinder zusammen mit ihren Müttern kommen. Zur Verhütung gebe ich die Dreimonatsspritze; dieses Medikament hat uns geholfen, die Geburtenkontrolle deutlich zu verbessern, was wichtig ist in einem Land, das eine der höchsten Bevölkerungszuwachsraten der Welt hat. Vier Spritzen im Jahr genügen, und die Wirkung hält noch ein weiteres Jahr an.

Die Frauen können dadurch ein wirksames Kontrazeptivum nutzen, ohne sich teure Pillen beschaffen zu müssen, welche sie oft noch dazu vor ihren Männern verstecken müssen. Sie brauchen auch nicht jeden Tag an ihre Pille zu denken, was ihnen ohnehin schwerfallen würde. Warum diese Verhütungsmethode im Westen so im Verruf ist, ist mir ein Rätsel. Es hieß, das Medikament verursache Komplikationen und sei vor allem krebserregend, obwohl es keine Beweise dafür gibt. Vielleicht verdienen die Pharmafirmen einfach nicht genug daran.

Subukia war nicht in das »Million Acre Scheme« einbezogen; das Land wurde dort nach Gutdünken verteilt und je nachdem, wie viele Europäer die Gegend verließen. Aber anfangs waren das gar nicht sehr viele; vor allem junge Leute mit einträglichen Farmen wollten in Kenia bleiben. Wir kamen oft zusammen, an manchen Abenden waren wir bis zu dreihundert Personen. Doch dann, nach der Weltwirtschaftskrise 1973, haben auch sie die Flinte ins Korn geworfen, und die Gegend hat sich geleert. Seit damals kaufen Kooperativen die Farmen auf, teilen sie in Parzellen von zwei Hektar und weisen diese den neuen Besitzern zu. Das hat etwas von einem Lotteriespiel, da manche Grundstücke günstig gelegen sind und andere nicht. Die Nachfrage nach Land ist enorm in einem Staat, dessen Bevölkerung jährlich um 4,3 Prozent wächst, und der Druck auf jene Farmer, die noch größere Gebiete besitzen, ist sehr stark. Überdies sind die Kikuju ein stures Volk und geben nicht so leicht nach, und auch Einschüchterungsmethoden sind ihnen nicht fremd. So können Sie zum Beispiel ohne weiteres einen Brief erhalten, in dem Ihnen mitgeteilt

wird, daß die örtliche Kooperative beschlossen hat, Ihre Farm zu kaufen. Dann ist es an Ihnen, laut und deutlich zu verkünden, daß Sie mitnichten verkaufen wollen. Die Kooperative kann auch etwas anderes versuchen: Sie überweist ohne Ihr Wissen zehn- oder hunderttausend Pfund auf Ihr Bankkonto, um Ihnen dann freundlich mitzuteilen, daß sie nun Besitzerin Ihrer Farm ist. »Aber ich habe überhaupt nicht verkauft«, protestieren Sie. »Aber ja, Sie haben doch das Geld bekommen und sogar angenommen.«
Deshalb habe ich mit meiner Bank eine strikte Regelung getroffen: Niemand kann Geld auf mein Konto einzahlen, ohne daß ich gegenzeichne. Ich kenne alle diese Tricks und konnte überdies einige Erfahrung sammeln, als ich meiner Freundin Rosemary half, ein Fleckchen Erde zum Leben zu finden.

Rosemary, heute fast vierzig, kenne ich, seit sie ein krankes kleines Mädchen war, das an Kinderlähmung litt. Ich habe sie behandelt und ihr geholfen, damit sie die Schule besuchen und sogar ihren Abschluß machen konnte. Dann ging sie zur »Christlichen Vereinigung junger Mädchen« in Limuru, wo sie Schneidern, Erste Hilfe und Kochen lernte, und erwarb ein Diplom, das sie befähigt, selbst Frauengruppen zu unterrichten.

Rosemary ist unverheiratet, hat jedoch zwei Söhne; Peter, der ältere, ist dreiundzwanzig. Ich habe mich um seine Schulbildung gekümmert und ihm später ermöglicht, zur AMREF zu gehen, wo er jetzt als Gehilfe in der Buchhaltung arbeitet.

Bei den Kikuju gibt es viele alleinerziehende Mütter. Wenn die Bildung es den Frauen ermöglicht, den Zwängen der

Tradition zu entfliehen, heiraten sie nicht, wissen sie doch, daß sie nicht viel dadurch zu gewinnen haben. Der Ehemann hat alle Rechte, sowohl auf die Kinder als auch auf das Geld, das die Frau verdient, und außerdem sind viele Männer weniger der Arbeit als dem Bierkonsum zugetan. Die Arbeitsteilung mag in früheren Zeiten ihren Sinn gehabt haben, als die Männer auf die Jagd gingen oder Krieg gegen die Nachbarvölker führten, während die Frauen sich ums Heim kümmerten, heute aber haben diese die Nase voll davon. Sie sind mutig, sie sind intelligent, und sie trinken nicht. Es werden immer mehr, die ihr Leben so führen, wie sie es wollen, und die Früchte ihrer Arbeit für sich behalten. Wir erleben hier wohl die Geburt einer neuen matriarchalischen Gesellschaft.

Rosemarys Mutter gehörte einer Kikuju-Tanzgruppe an, die unter anderem oft vor Präsident Kenyatta in seinem Haus am Nakurusee auftrat; als Honorar erhielten sie Land, das sie als Kooperative bewirtschafteten. Eine dieser Parzellen hat Rosemary geerbt, aber sie mußte sie mit Zähnen und Klauen verteidigen, und dabei habe ich sie nach besten Kräften unterstützt, denn es gibt in dieser Region tatsächlich noch kein unanfechtbares Recht auf Eigentum, und eine alleinstehende Frau hat es nicht leicht. Ich habe sie zunächst veranlaßt, ein kleines Haus zu bauen, damit sie dort richtig verwurzelt war und die Kooperative nicht versuchen konnte, ihre Parzelle gegen eine weniger gute einzutauschen. Sie hat das Land bestellt und eingezäunt, denn es ist natürlich schwieriger, sich Land anzueignen, das nicht brachliegt, sondern in das der Besitzer bereits Geld investiert hat. Dann hat sie weitere Felder

dazugekauft und sich eine kleine Kaffeeplantage von zwei Hektar angelegt.
Von der Polio sind ihr Folgeerscheinungen geblieben; sie hat Mühe mit dem Gehen, und es berührt mich immer sehr, wenn ich sehe, wie sie sich trotz ihrer Behinderung auf den Feldern abrackert. Sie hat außergewöhnlichen Lebensmut, lächelt immer und beklagt sich nie.
Wenn man unter den Afrikanern lebt, gibt es viele Möglichkeiten, etwas für sie zu tun, vor allem, wenn einem daran liegt, ihnen durch einfache und nicht sehr kostspielige Mittel bessere Lebensbedingungen zu schaffen. Ich rate ihnen zum Beispiel dazu, Herde aus gebranntem Ton zu verwenden, wodurch sie eine beträchtliche Menge Holz sparen. Holz ist in Afrika ein wertvoller Brennstoff, dessen gedankenloser Verbrauch zur Zerstörung der Wälder und zur Erosion der Hänge führt.
Meine größte Sorge ist die Erziehung der Enkelkinder jener Menschen, die auf meiner Farm leben. In Kenia ist die höhere Schulbildung nicht gratis. Die Regierung hat das sogenannte »Cost-sharing«-System eingeführt, also Kostenteilung, eine am englischen Vorbild orientierte Philosophie, die prinzipiell sicher nicht schlecht ist: Wenn die Leute eine Dienstleistung bezahlen müssen, fühlen sie sich eher miteinbezogen und verantwortlich. Der widersinnige Effekt allerdings ist, daß diejenigen, die zwar nicht unbedingt Not leiden, aber wenig Geld zur Verfügung haben, wie etwa die ländliche Bevölkerung, ihre Kinder nicht mehr aufs College schicken können – außer sie finden einen Wohltäter, einen Sponsor sozusagen. Diese Rolle spiele ich für viele dieser Halbwüchsigen; dafür kontrol-

liere ich aber auch ihre schulischen Leistungen, schimpfe ein bißchen mit ihnen, wenn sie schlechte Noten haben, und verlange, daß sie bei der Arbeit auf der Farm helfen.

Subukia scheint vielleicht am Ende der Welt zu liegen, aber dank des Funkgeräts und meines Flugzeugs fühle ich mich dort überhaupt nicht isoliert, bin ich doch jederzeit abrufbereit, wenn die fliegenden Ärzte es erfordern. Auf diese Weise erfuhr ich am 1. August 1982 auch vom Staatsstreich, der in Nairobi im Gange war. Im Morgengrauen hatten Gewehrsalven die Bevölkerung geweckt, und über Rundfunk wurde die Absetzung von Präsident Daniel arap Moi bekanntgegeben. Die Aufständischen waren junge Offiziere und Soldaten der Luftwaffe, die größtenteils dem Stamm der Luo angehörten. Sie hatten den internationalen Flughafen und Wilson Airport besetzt und die Post sowie die Radio- und Fernsehstationen in ihre Gewalt gebracht. Die Lage war kritisch, Plünderer aus den Elendsvierteln zogen durch die Stadt, und die Studenten schlossen sich den Aufständischen an. In der Nähe der AMREF-Zentrale wurde gekämpft. Unser Chef Michael Wood schloß die Zentrale und ließ das Personal evakuieren. Danach hatte ich keine Verbindung mehr zu Nairobi. Trotzdem hörte ich weiterhin unsere Frequenz ab, glücklicherweise, denn am nächsten Tag erreichte mich ein dringender Ruf des Tom M'Boya-Krankenhauses auf der Insel Rusinga im Victoriasee, zweihundert Kilometer von meiner Farm entfernt: Zwei kleine Mädchen waren von einem tollwütigen Hund angefallen und im Gesicht gebissen worden. Es war ein absoluter Notfall, denn das Tollwutvirus gelangt über die Nervenbahnen zum Gehirn; wenn die Bißwunde also in Kopfnähe ist, zeigen sich die ersten Symptome um so rascher.

Ich war die einzige, die eingreifen konnte. Zufällig hatte ich in meinem petroleumbetriebenen Kühlschrank Antitollwut-Impfstoff gelagert, den ich rasch in eine Kühlbox packte; dann stürzte ich mich ins Flugzeug. Es herrschte Ausnahmezustand, kein Auto durfte fahren und kein ziviles Flugzeug starten.

Ich hatte eben einen jungen französischen Arzt zu Besuch, Jean-Florian Letourneux, der auch ein guter Pilot war, und wir beide waren uns sofort einig, daß man das Verbot mißachten und diese Mission um jeden Preis ausführen mußte. Da wir das Flugzeug sofort auf zehntausend Fuß hochschraubten, blieben wir auch unentdeckt, und schon nach einer Stunde näherten wir uns im Sturzflug Rusinga. Über Funk bat ich den Verantwortlichen des Krankenhauses, den Impfstoff so schnell wie möglich abzuholen, da wir nicht zu lange auf dem Fluggelände bleiben wollten; nachdem ich das Serum einem alten Mann auf einem Fahrrad übergeben hatte – das Auto des Krankenhauses war kaputt –, hoben wir sofort wieder ab, und das war auch gut so, denn über Subukia zog gerade ein starkes Gewitter auf. Wir hatten eben noch Zeit zu landen, bevor es losbrach. Ich glaube nicht, daß die Polizei jemals von unserem heimlichen Unternehmen erfahren hat, zumindest habe ich nie eine Reaktion darauf erhalten.

Während des Fluges herrschte absolute Funkstille; offenbar war im ganzen Land keine andere Maschine in der Luft. Auf der Frequenz der AMREF fing ich einen Funkspruch von unseren Stationen in Tansania auf; die Kollegen wußten überhaupt nichts von den Ereignissen bei uns und wunderten sich, daß sie keine Antwort erhielten. Ich erklärte ihnen, was los war, und riet ihnen, ruhig abzuwarten, bis sich die Lage geklärt hatte. Und das war auch ziemlich bald der Fall: Bereits am darauffolgenden Dienstag konnte ich wieder mit der AMREF Verbindung aufnehmen und am Nachmittag auf dem Wilson Airport landen, unter der Bedingung, nicht über die nahegelegene Kaserne zu fliegen, um die noch Kämpfe im Gang waren. In der Stadt war man bereits dabei, die Spuren von zwei Tagen Plünderung und blutigen Ausschreitungen zu beseitigen, und am Abend verkündete Präsident Moi in einer Rundfunkansprache, daß die Revolte niedergeschlagen sei. Das loyal gebliebene Heer hatte seine Regierung gerettet. Während der Unruhen war er auf seiner Farm in der Nähe von Nakuru geblieben, bis ihn ein Militärkonvoi nach Nairobi zurückbrachte.

Heute leben in Subukia kaum noch Europäer. Die verbliebenen sind ältere Leute und mir sehr teure Freunde; ich versäume es nie, sie regelmäßig zu besuchen. Diese Menschen haben alle ein außergewöhnliches Leben hinter sich, und ich höre immer wieder gerne ihren Erinnerungen zu. Sonntags besuche ich oft Billy Lambert. Er ist über achtzig, Witwer, und seine Arterien bereiten ihm Beschwerden, aber sein Sinn für Humor ist ungebrochen. Er wohnt in einem großen Haus, das früher, zu Beginn des Mau-Mau-Aufstandes, Gouverneur Sir Philip Mitchum gehörte. Auch Billy hat seinen Grundbesitz verkauft und hilft weiterhin seinen Nachbarn mit seinen Traktoren aus. Ich genieße meine Besuche bei ihm um so mehr, als er einen fabelhaften afrikanischen Koch hat, unschlagbar bei Roastbeef mit Yorkshirepudding oder Lamm mit Pfefferminzsoße.

Billy ist nicht gut auf Elefanten zu sprechen. Etwa um 1958 kam ein befreundeter Farmer zu ihm, um sich von ihm eine Waffe zu leihen. Er hatte genug von einem Elefanten, der regelmäßig seine Maisfelder verwüstete, und wollte ihn abschießen. Billy gab ihm also ein großes Gewehr und Munition. Leider hatte er sich mit den Kugeln geirrt, die nicht für Elefanten geeignet waren: Das verletzte Tier ging wutentbrannt auf den Farmer los und trampelte ihn zu Tode. Billy bekam Schwierigkeiten und eine Geldstrafe von 500 Shilling. Elefanten zu töten war damals nicht verboten, ein Gewehr auszuleihen aber schon.

Arthur Randall Swift kam als Siebzehnjähriger nach Kenia, um auf der Farm seines Onkels in Thika nördlich von Nairobi zu arbeiten. Er hatte Kost und Logis frei, erhielt aber nur einen mageren Lohn, so daß es lange dauerte, bis er sich ein Motorrad leisten konnte, mit dem er die Gegend erkundete; außerdem war er viel zu Fuß unterwegs, was ihm den Beinamen »Hobo« einbrachte; das bedeutet im Amerikanischen so viel wie Vagabund. Seine eigentlichen Vornamen hatten alle vergessen, und ich habe nie gehört, daß seine Frau Marian ihn je anders genannt hätte.

Während des Zweiten Weltkriegs nahm Swift als Hauptmann des King's-African-Rifles-Regiments am Äthiopienfeldzug teil. Die Italiener waren als Gegner beileibe nicht zu unterschätzen, wie es so oft heißt; die Rückeroberung Äthiopiens gestaltete sich sehr schwierig. Von Mogadischu aus durchquerte Swift die Wüste; er war auch dabei, als am 6. April 1941 Addis Abeba eingenommen wurde, und nahm anschließend am Feldzug Richtung Norden teil. Mitte Mai verschanzte sich der Herzog von Aosta, der die italienischen Truppen kommandierte, mit seinen Soldaten in 3000 Meter Höhe im Amba-Alaghi-Bergmassiv; nach einer längeren Belagerung mußte er sich mit siebentausend Mann ergeben.

Beim Angriff wurde Swift von einer Kugel an der Kehle getroffen und überlebte nur durch ein Wunder. Für ihn war der Krieg vorbei, er wurde nach Nairobi gebracht und blieb dort bis zu seiner Genesung. Dort hatte er ein erheiterndes Erlebnis: Der Oberbefehlshaber kam regelmäßig ins Militärkrankenhaus, um die Patienten zu besuchen. Dann stellte er sich vor jedem Bett in Positur und sprach immer dieselbe Litanei:

»Wie geht es Ihnen, ich hoffe, es geht Ihnen besser.«

Hobo erhob sich von seinem Lager und stand stramm; ein Seidenschal verdeckte elegant seinen Halsverband. Der General musterte ihn von oben bis unten und brummte:

»Was machen Sie denn hier?«

Dann ging er zum nächsten Bett, offenkundig indigniert über den Drückeberger, der nicht einmal liegen mußte. Die anderen Patienten im Saal hatten wahrscheinlich Durchfall oder waren vom Rad gefallen; Hobo war der einzige wirklich Verwundete und außerdem ein Held der berühmten Schlacht von Amba-Alaghi. Es dauerte dann auch nicht länger als einen Tag, bis der General eigens noch einmal kam, um ihn zu besuchen und seinen Schnitzer wiedergutzumachen.

Nach der Lehrzeit bei seinem Onkel in Thika bekam Hobo die Leitung mehrerer Farmen übertragen, bevor er seine eigene Farm in der Nähe von Subukia kaufen konnte. Allmählich entwickelte er sich zum großen Züchter und Kaffee-Experten. Irgendwann einmal passierte es ihm, daß er seinen Kaffee zur falschen Zeit geschnitten hatte, genauer gesagt, zu spät; doch dann kamen unerwartete Regenfälle, und seine Pflanzen gediehen prächtig, während die anderen Farmer, die ihn zuvor wegen seines Fehlers getadelt hatten, fast um ihre Ernte kamen. Er brüstete sich nicht mit diesem Erlebnis, er erzählte nur davon, um daran zu erinnern, daß die Landwirtschaft in Afrika immer ein Lotteriespiel ist.

Hobo Swift erzählte gerne von seinem Onkel, um zu demonstrieren, von welchem Schlag die Europäer in Kenia waren. In seiner Jugend hatte dieser Onkel auf einer Sisal- und Kaffeeplantage jenseits von Thika gearbeitet. Er und einer seiner Freunde gingen am Samstagabend gerne zum Tanzen in den Muthaiga Club in Nairobi. Dafür mußten sie sechzig Kilometer über Berg und Tal fahren, und sie besaßen zu zweit nur ein Fahrrad. So dachten sie sich ein raffiniertes System aus: Der erste ging zu Fuß los, der zweite folgte später mit dem Rad und überholte seinen Kameraden. Nach zehn Minuten ließ er das Rad am Straßenrand stehen und ging zu Fuß weiter. Und so fort. Nach dieser Methode kamen sie abends in Nairobi an, tanzten die ganze Nacht und kehrten am nächsten Morgen auf dieselbe Art und Weise zurück.

Hobo besaß wunderbare Pferde; er war selbst ein ausgezeichneter Reiter, seine Frau Marian Dressurspezialistin. Er spielte ausgesprochen gut Polo, doch sein besonderes Hobby war die Malerei, später, im Ruhestand, seine Hauptbeschäftigung. Die schönsten Landschaften Kenias, von denen er viele in unmittelbarer Nähe seines Hauses bewundern konnte, hat er in Aquarell gemalt. Nach so vielen Jahren betrachtete er seine Heimat immer noch mit staunenden Augen, als sei er eben erst angekommen.
Hobo war auch ein großer Naturliebhaber und wußte jegliches Tier, jeden Vogel und jede Pflanze zu bestimmen. Vor seinem Haus lag ein großer Park mit hohen Bäumen, in deren Wipfeln sich Guerezas tummelten, jene kleinen Affen mit dem wunderschönen schwarz-weißen Fell, einem regelrechten Abendanzug, das leider dazu geführt hat, daß sie beinahe ausgestorben sind: Die Europäer fertigten aus ihren Fellen Bettvorleger, die Afrikaner verwenden es, um ihre Gewänder zu verzieren.
Mit Hobo sprach ich oft über die Zeit, als der Reichtum der Natur in unserer Umgebung noch viel größer war. Nicht selten bekamen wir Buschböcke zu sehen, eine Antilopenart mit spiralig gewundenen Hörnern, Erdwölfe, eine Hyänenart, und Elefanten. Früher gab es regelrechte Wanderbewegungen: Die Elefanten aus den nördlichen Wäldern kamen zur Regenzeit zum Solaisee herunter, um sich eine Kur in den Salzhöhlen zu gönnen, und zogen dann weiter in die Bambuswälder von Ol Joro Orok. In diesem zerklüfteten Gebiet am Rande der Aberdares folgen die meisten Wege der Spur dieser uralten Elefantenpfade. Auf den Berghängen gab es außerdem Nashörner

und große Büffelherden. Dann verschwanden nach und nach die Wälder und wichen Pflanzungen: Nahrung für die Bevölkerung Kenias, die sich seitdem vervierfacht hat, wenn nicht noch mehr.

Der letzte, der geht, ist der Leopard; er ist der Schlaueste und gibt sich mit wenig zufrieden, oder besser gesagt: er frißt alles. Nachts kann man in der Nähe der Farm seinen fauchenden Atem hören, und ich muß jeden Abend die Hunde einschließen; sie wären ihm nicht gewachsen.

Glücklicherweise sind uns die Vögel geblieben, und zwar in so großer Zahl, daß man es nie schafft, all ihre Farben oder Stimmen kennenzulernen. In Subukia kann ich den Smaragdkuckuck hören, der immer »Hello Georgie« sagt, und einen anderen Kuckuck mit rotem Kropf, der ankündigt: »It will rain« – er irrt sich selten.

Natürlich haben wir während all dieser Jahre in Afrika viele Tiere zu Gesicht bekommen – aber nur die, die sich uns bereitwillig zeigten oder auf ihrem Weg an uns vorbei mußten. Auf der Hochebene gab es so viele unzugängliche, geheime Orte, so viele Schluchten und undurchdringliche Wälder – was sich wohl im Herzen dieser unberührten Winkel verstecken mochte? Ich glaube, daß wir den Reichtum der afrikanischen Fauna nur gestreift haben und viele Lebewesen uns unbekannt geblieben sind.

Eine meiner Freundinnen, Josée Baradel, wohnte auf den Hügeln von Ol Joro Orok in fast 3000 Metern Höhe. Eines Tages war sie mit ihrer Schwester Mary zu Pferd nach Gilgil unterwegs; die beiden überquerten eben eine weite, abschüssige Heidefläche, als ein fremdartiges Geschöpf vor ihnen auftauchte, wie sie es nie zuvor gesehen hatten:

ein behaartes Tier, einem kleinen Bären ähnlich, das sehr jung, sehr tapsig und ziemlich erschreckt wirkte. Vor allem sein Gang war sonderbar: Beim Vorwärtsgehen drehten sich seine Gelenke, als wären sie in Kugellager gebettet. Es hatte einen kurzen Schwanz, und seine Schultern reichten bis zu den Steigbügeln der Reiterinnen, die es einen Augenblick umkreisten, um es zu beobachten, bevor sie es weglaufen ließen. Sie haben es nie wieder gesehen, und diese Begegnung ist rätselhaft geblieben.

Marys Sohn erzählte die Geschichte dem Paläontologen Louis Leakey, der sich sehr dafür interessierte; nach seinem Wissen hatte es tatsächlich ein urzeitliches Tier mit solchen Drehgelenken gegeben. Die Spezies war vor mehreren tausend Jahren ausgestorben, doch der Wissenschaftler räumte ein, daß in einem so unzugänglichen Gebiet wie diesem möglicherweise noch einige Paare dieser lebenden Fossilien existierten.

Stämme aus der Gegend, die Kipsigi und Nandi, glauben an die Legende vom »Nandi Bear«: Das ist eine Art blutrünstiger Bär, der nachts umgeht und das Vieh tötet – eine afrikanische Version des Yeti, des furchterregenden Schneemenschen aus dem Himalaja. Wenn ich es recht verstanden habe, nehmen die Paläontologen heute an, daß in prähistorischer Zeit möglicherweise verschiedene Arten von Hominiden unterschiedlicher Entwicklungsstufen nebeneinander existiert haben. Manchmal gebe ich mich der Phantasie hin, wie sich ein Australopithecus und ein Homo habilis auf einem Buschpfad begegnen und sich alle möglichen Schimpfworte an den Kopf werfen. Aber vielleicht habe ich es ganz falsch verstanden.

Mein Freund Ismael, ein Massai, glaubt jedenfalls felsenfest an das, was man sich in Narok erzählt: Massai begegneten einmal einer Gruppe seltsamer Wesen, die über und über behaart waren wie große Affen. Es kam zu einem Kampf, ein Massai warf einen Speer, traf aber nicht. Einer der Behaarten nahm den Speer und warf ihn zurück. Er konnte sich also – wie ein Mensch – einer Waffe bedienen.

Auch Ewart Grogan, ein prominenter Kenianer und vielgereister Geschäftsmann, erzählt in einem Buch, daß er in Uganda eines dieser fellbedeckten Wesen gesehen habe und daß es gewiß kein Gorilla gewesen sei. Ich weiß nicht, was ich von all diesen Geschichten halten soll, außer daß sie ausgezeichnete Gesprächsthemen für die langen Abende am Äquator abgeben.

Im Alter hatten die Swifts ihre dreihundertfünfzig Hektar Land verkauft und waren nur noch Rentner, immer bereit, ihren afrikanischen Nachbarn zu helfen. Sie konnten sich nicht vorstellen, anderswo als in Kenia zu leben.

An einem hellen Nachmittag im Januar 1992 wurde Hobo Swift bewußtlos in seinem Atelier aufgefunden. Ein Axthieb hatte ihn am Kopf getroffen. Eine Woche später starb er im Krankenhaus von Nairobi. Alle hatten ihn geliebt und bewundert, niemand konnte die brutale, sinnlose Tat verstehen. Aber wir werden nicht aufhören, nach der Lösung dieses Rätsels zu suchen.

Anne Spoerry am Steuerknüppel von Alpha Zulu Tango

Nach der Landung
(Fotos: B. Desestres)

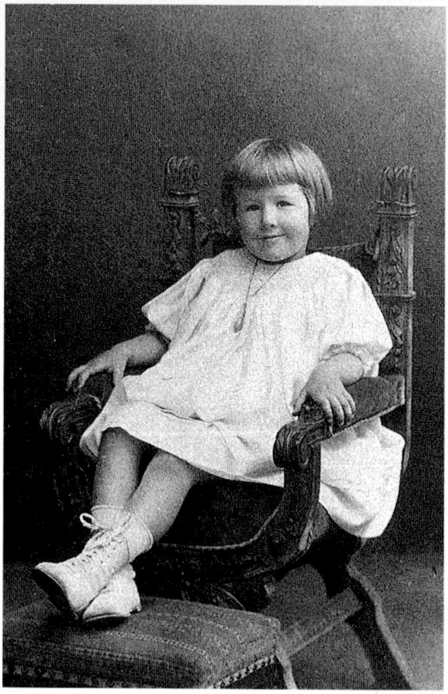

Oben links:
François und Anne mit ihrer Mutter, Mai 1918

Darunter:
Anne und Peggo in Mülhausen, 1926

Oben rechts:
Henry Spoerry, Annes Vater, in Ol Kalou, 1953

Darunter:
Anne im Alter von zwei Jahren
(Fotos: Privatbesitz)

Oben links:
Ol Kalou, 1952

Darunter:
Anne und ihr Schwesternteam im Krankenhaus von Aden, 1949

Oben rechts und darunter:
Anne zu Pferd während des Mau-Mau-Aufstands, 1953. Während dieser Zeit war Anne stets bewaffnet
(Fotos: Privatbesitz)

Oben und unten:
Anne in der Oase Loyangalani, dem Dorf des Fischerstammes der El Molo

Rechte Seite oben:
In Loyangalani bei einer Turkana-Familie

Rechte Seite unten:
In Loyangalani brauen die Frauen heimlich das Getränk »changaa«, eine Art Bier
(Fotos: B. Desestres)

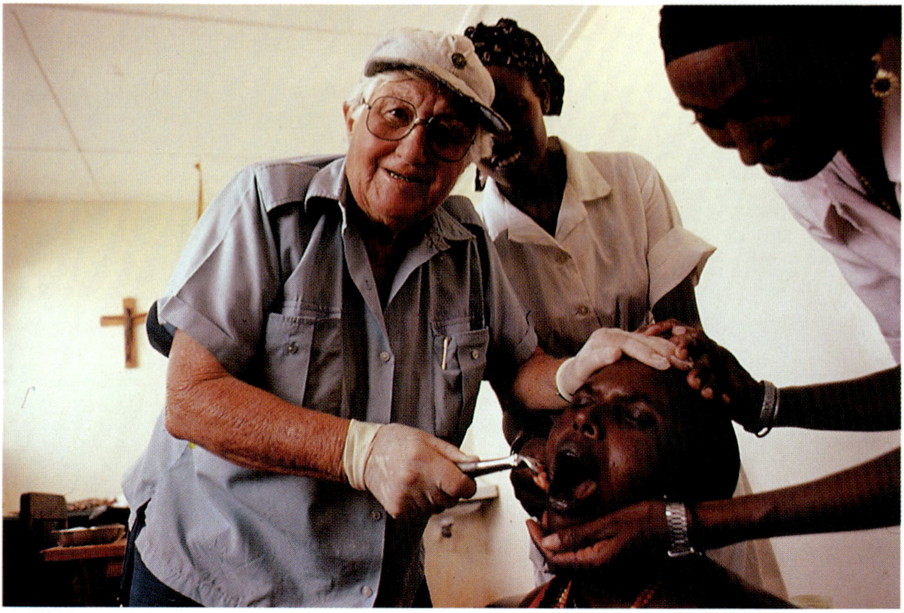

Sprechstunden in den Missionsstationen des Distrikts Marsabit
(Fotos: B. Desestres)

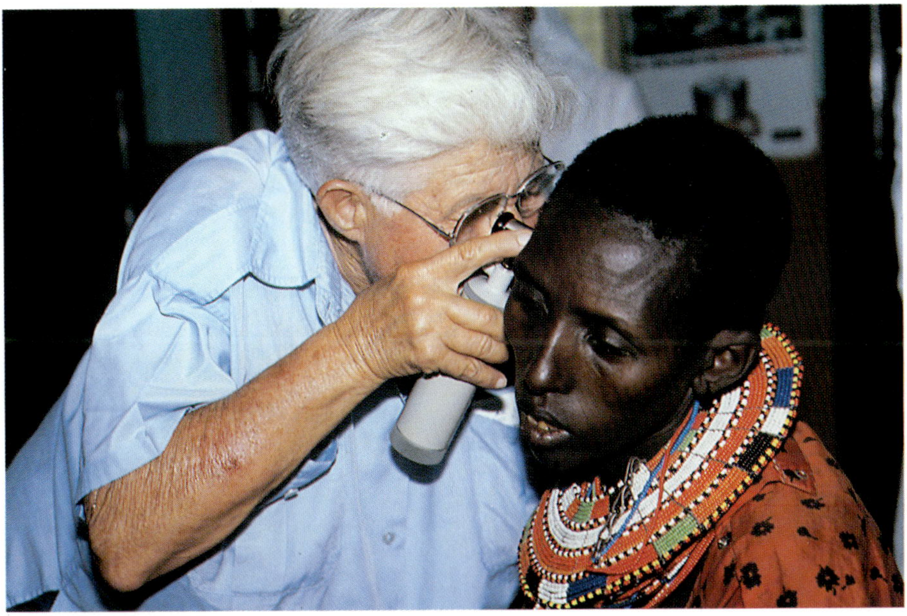

Ohrenuntersuchung bei einem Angehörigen der Turkana

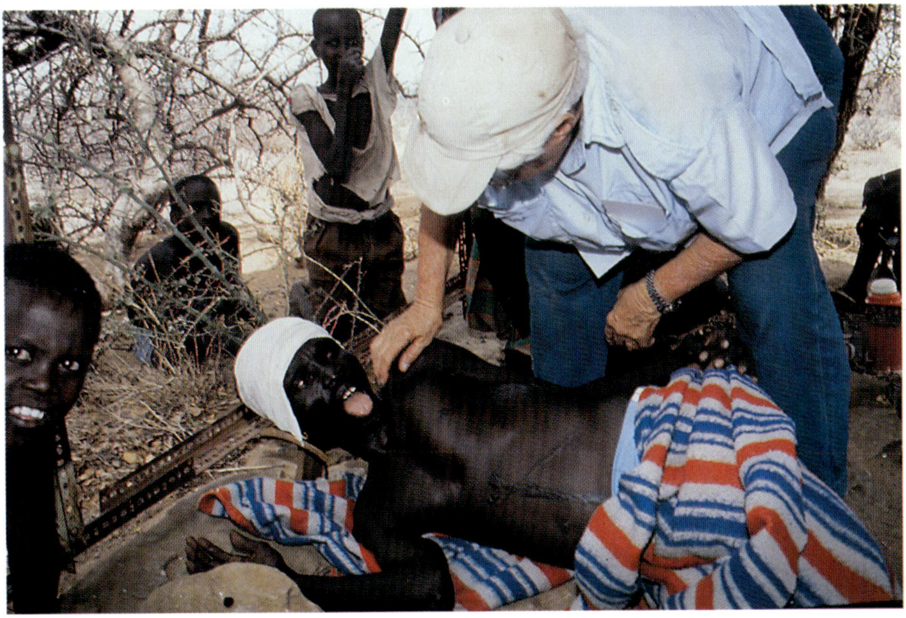

Ein Kranker in Ileret leidet an einer Zyste
(Fotos: S. Maubec)

Oben links:
Blick auf den Paradiessee in Marsabit

Darunter:
Anne trainiert im Segelflugzeug

Oben rechts:
Nach der Landung in Ileret am Ufer des Turkanasees

Darunter:
Anne während des Anflugs auf Nairobi
(Fotos: B. Desestres)

Michael Wood nach der Landung auf seiner Farm bei Ol Molog, 1974

Das Team der fliegenden Ärzte mit Anne Spoerry und Michael Wood, 1965
(Fotos: AMREF)

Anne Spoerry in ihrem Büro auf dem Wilson Airport (Foto: S. Maubec)

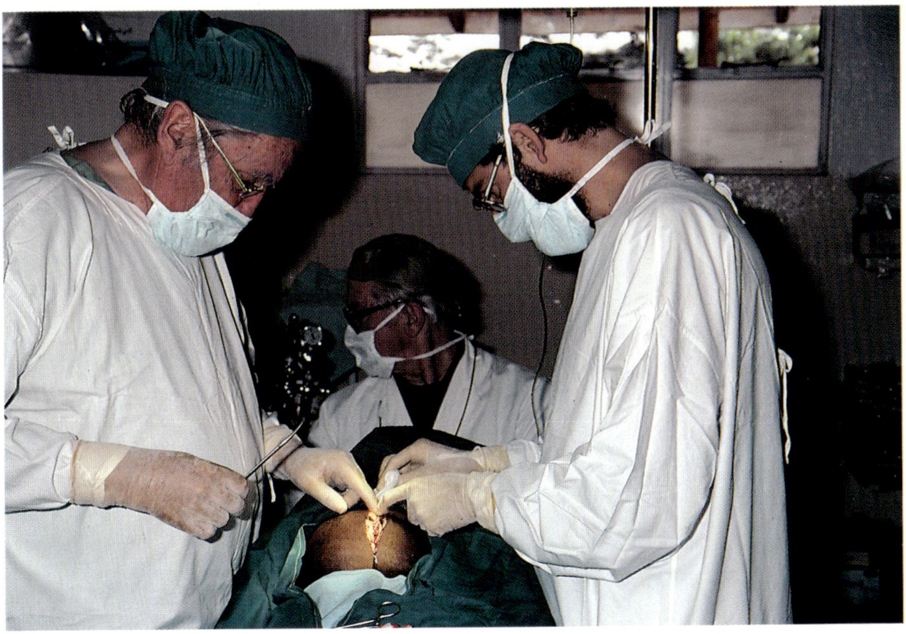

Sir Michael Wood 1983 während einer Operation in Loliondo, Tansania
(Foto: AMREF/G. Backhurst)

Oben:
Anne mit einer Krankenschwester auf einer Krankenstation in der nördlichen Wüste

Rechte Seite oben:
Anne während einer Sprechstunde in der nördlichen Wüste

Darunter:
Ein letztes Gruppenbild vor dem Abflug (Fotos: S. Maubec und B. Desestres)

Oben:
Eine Krankenstation bei Lamu wird mit Impfst
beliefert (Foto: B. Desestres)
Mitte: In den Straßen von Lamu (Foto: S. Maub
Unten:
Essensausteilung im Flüchtlingslager von Walda
(Foto: S. Maubec)

Oben:
Wochenende auf der Farm in Subukia
Mitte:
Im Stall bei den Kühen
Unten:
Abendliche Entspannung in Subukia
(Fotos: S. Maubec)

Oben und unten:
Die Freuden einer Farmerin
(Fotos: S. Maubec)

KAPITEL IV

Fliegende Ärztin

Ich hatte schon immer Lust gehabt, das Fliegen zu lernen, so wie ich auch gerne am Ruder eines Schiffes stand, aufs Pferd stieg oder ein Auto lenkte, und zwar aus demselben Grund: um mir dadurch einen neuen Freiraum zu erobern. Bis Anfang der sechziger Jahre hatte es mir an Zeit und Gelegenheit gemangelt, doch angesichts der umwälzenden Veränderungen in Kenia entschloß ich mich nun, zur Tat zu schreiten. Überdies war ich deprimiert, und das Flugzeug war mir zunächst ein Trost und eine Ablenkung von meinen Ängsten.

Eben war Kenyatta zum Premierminister ernannt worden, und die Unabhängigkeit mit allen zu erwartenden Konsequenzen stand bevor; dazu gehörte vor allem, daß die Europäer, die bisher den Großteil meiner Patienten ausgemacht hatten, das Land verlassen würden. Ich hatte keine Ahnung, wie meine Zukunft aussehen würde, aber in Kenia wollte ich auf jeden Fall bleiben. Zwar dachte ich noch nicht daran, mich Michael Wood und seinen fliegenden Ärzten anzuschließen, doch ich hatte das unbestimmte Gefühl, daß ich einen neuen Weg einschlagen mußte und daß mir ein Pilotenschein dabei helfen würde.

Meine erste Flugstunde nahm ich am 23. Juni 1963 auf jenem oben erwähnten Gelände bei Subukia. Mein Fluglehrer, der Südafrikaner Bill Ford, war ein ausgezeichneter Pilot und eine außergewöhnliche Persönlichkeit: 1940 hatte er sich mit erst sechzehn Jahren zur South African Air Force verpflichtet, nachdem es ihm gelungen war, sich durch irgendwelche Tricks als älter auszugeben. Nach dem Krieg ging er als Ausbilder zur britischen RAF, dann diente er in Kenia als Bomberpilot in jener Luftwaffeneinheit, die im Kampf gegen die Mau-Mau eingesetzt wurde. Nach seinem Ausscheiden aus der Armee fand er eine Anstellung als Verwalter einer Farm, etwa zehn Kilometer von Ol Kalou entfernt.

Ich gehörte einer sogenannten »flying group« an, einer Fliegergruppe, die nicht den strengen Satzungen eines Fliegerclubs unterworfen war. Zusammen kauften wir eine kleine, dreisitzige Piper, und jeder Teilhaber bezahlte seinen Anteil an Wartung, Versicherung und dem Gehalt des Fluglehrers.

Für eine Anfängerin war das Fluggelände bei Subukia nicht eben ideal; es liegt am Grund eines ziemlich tief eingeschnittenen Tals, in dem sich häufig Luftwirbel bilden, und an den Berggipfeln bleiben oft die Wolken hängen. Das Tal ist zwar ziemlich lang – fast tausend Meter –, aber man kann nur in eine Richtung starten, nämlich nach Norden hin; dazu kommen der in zweitausend Meter Höhe nur schwache Auftrieb und die Hitze. In einem Flugzeug mit nicht allzu starkem Motor erscheint einem die Zeit, bis sich die Räder endlich von der Piste lösen, unendlich lang.

Die Starts haben mich übrigens die meisten Nerven gekostet, mehr als die Landungen. Eine verpatzte Landung kann man korrigieren: Wenn es knapp wird, gibt man eben noch einmal Gas und beginnt das Manöver von neuem. Wenn einen aber eine zu schwere Beladung, ungenügende Geschwindigkeit oder Rückenwind daran hindern, innerhalb der vorgesehenen Strecke vom Boden abzuheben, macht man garantiert einen Ausflug in die Botanik. Das gleiche passiert, wenn das Gras zu hoch ist und die Beschleunigung bremst.

Unsere Piper war nicht einfach zu fliegen. Sie hatte ein konventionelles Fahrwerk mit einem kleinen Rad am Heck, wie alle alten Flugzeuge; dadurch sind sie am Boden sehr schwer zu steuern, denn sie sind seitenwindempfindlich und können sich plötzlich um die eigene Achse drehen. »Karussellfahren« nennt man das. Wenn man sich verbremst oder das Gelände uneben ist, kann sich die Maschine vertikal aufstellen, und der Propeller steckt im Gras. Flugzeuge dieses Typs sind eine sehr gute Schule, da man dadurch lernt, die kleinsten Steuerungseffekte des Leitwerks zu kontrollieren und richtiggehend zu spüren, wie die Maschine ihre Bahn durch Luftströmungen zieht, die nicht immer günstig sind und die es mit einem deutlichen Ruck an Steuerknüppel und Seitensteuerhebel auszugleichen gilt. Die modernen Flugzeuge mit ihrem dreirädrigen Fahrwerk verzeihen den Anfängern viele Fehler, und man begreift nicht mehr so recht, wie es funktioniert – oder warum es nicht funktioniert.

Zwei- oder dreimal pro Woche holte ich also Bill Ford auf seiner Farm ab, und wir fuhren mit meinem Auto nach Subukia, nicht ohne uns vorher telefonisch erkundigt zu haben, ob der Himmel klar und der Wind nicht zu heftig sei. Am Ziel angekommen, mußten wir allerdings oft feststellen, daß das Wetter sich geändert hatte und ein Flug unmöglich war. Das bedeutete immerhin, eine Strecke von hundert Kilometern hin und zurück vergeblich unternommen zu haben, doch es hätte mehr gebraucht, um mich zu entmutigen.

Ich machte weniger schnelle Fortschritte, als ich gehofft hatte; mit fünfundvierzig eignet man sich eben nicht mehr so schnell neue Reflexe an. Meine größte Schwierigkeit bestand darin, bei der Landung den Abstand zum Boden abzuschätzen, um den Motor nicht in zu großer oder zu geringer Höhe zu drosseln. Bald lernte ich, mich an der Höhe des Grases am Pistenrand zu orientieren. Beim Fliegen ist alles eine Frage der Gewohnheit, und wenn die Gewohnheit zur Erfahrung wird, hat man fast schon gewonnen.

Jeder, der fliegen gelernt hat, weiß, daß es einer der spannendsten Momente im Leben ist, wenn man zum erstenmal allein am Steuer eines Flugzeugs sitzt. Mitte Juli war es soweit. Einige Minuten nach dem Start überflogen wir einen riesengroßen rosa Fleck, den von Tausenden Flamingos bevölkerten Nakurusee, dann kamen das dunkelblaue Wasser des Naivashasees und der spitze Kegel des Longonotvulkans. Zurück flogen wir über die Ausläufer des Mount Kenya, der uns oft seinen eisbedeckten Gipfel sehen ließ.

Über das Hochland und das Rift Valley zu fliegen war immer wieder von neuem ein Hochgenuß und eine herrliche Entschädigung für all die Monate der Mühe, des Zweifels und oft auch der Angst. Ich hatte das Gefühl, noch mehr zu diesem Land zu gehören, nun, da ich es von oben, aus einer einzigartigen, privilegierten Perspektive betrachten konnte.

Im August flog ich zwischen Subukia, Nanyuki und Nyeri mein »Navigationsdreieck«; das ist eine klassische Prüfung für den Flugschein, die daraus besteht, drei unterschiedliche Landeplätze anzufliegen und jedesmal zu landen, ohne die Orientierung zu verlieren. Es ist die erste Reise, bei der man ganz allein an Bord ist, ohne jemanden, der die Navigationsfehler korrigiert. Ich gebe zu, daß ich der Landschaft damals nur wenig Beachtung schenkte; ich war vollauf damit beschäftigt, die Orientierungspunkte zu finden, die auf meiner Karte verzeichnet waren.

Schließlich mußte ich in Nairobi die theoretische Prüfung ablegen. Mit etwa dreißig Kandidaten saß ich in einem Klassenzimmer; ich war die älteste, zusammen mit Mervin Cowey, einem Colonel der Reserve, der die Nationalparks in Kenia gegründet hatte. Und wir beiden »Alten« waren die einzigen, die die Prüfung bestanden; alle übrigen scheiterten an dem einen oder anderen Thema.

Sobald ich meinen Flugschein in der Tasche hatte, begann ich, vom Eifer des Neulings getrieben, so häufig wie möglich zu fliegen, zumindest soweit meine anstrengende Arbeit als Ärztin im Staatsdienst, die ich eben angetreten hatte, es mir erlaubte. Nachdem ich mir auf tagelangen Fahrten im Landrover das Kreuz ruiniert hatte, war es eine wahre Wohltat, am Steuer eines Flugzeugs zu sitzen, obwohl man in der kleinen und sehr leichten Piper die Turbulenzen deutlich zu spüren bekam. Oft flog ich nach Nairobi und wieder zurück. Da ich keinen Funk an Bord hatte, mußte ich vor der Landung über den Tower kurven, und anschließend erhielt ich mit Hilfe von Lichtsignalen die Landegenehmigung.

Bill Ford lehrte mich nicht nur das Fliegen, die Navigation und die Ausarbeitung von Routen, sondern vor allem auch die Vorsicht. Immer wieder wiederholte er den altbekannten Spruch:

»Es gibt alte Piloten, und es gibt leichtsinnige Piloten. Ich habe nie alte leichtsinnige Piloten getroffen.«

Kenia und Afrika im allgemeinen sind zwar von wundervoller Schönheit für Flieger, aber auch sehr gefährlich. Es gibt zwar keine Vereisung, keinen Bodennebel und keine Schlechtwetterfronten wie in Europa, doch dafür plötzliche Stürme oder unerwartete, heftige Fallwinde an den Berghängen, welche die Maschine zu Boden drücken, oder Aufwärtsströmungen die einen weit nach oben in sauerstoffarme Luftschichten reißen. Selbst der blaue Himmel ist trügerisch, denn er birgt unvorhersehbare Turbulenzen, und auch die herrliche Landschaft, die man gerne aus der Nähe betrachten möchte, ist voller Fallen. Am Grund von Vulkankratern gibt es Seen, die einen Sog ausüben, wenn man ihnen zu nahe kommt. Auf diese Art ist schon mehr als ein Flugzeug am Grunde des Longonot geblieben. Ein andermal fliegt man in geringer Höhe, um Tiere zu beobachten, doch da steht in Flugrichtung eine Akazie in der Sonne... Nicht zu reden von großen Vögeln wie den Marabus, die sich nicht an die Regeln der Luftfahrt halten und mit Leichtigkeit einen Propeller oder eine Cockpitscheibe zerschlagen können.

In Subukia gab uns ein Beispiel aus der jüngeren Vergangenheit zu denken. Einige Jahre zuvor hatte Thomas, der ehemalige Eigentümer des Geländes, ein tragisches Ende gefunden: Er war nach Nairobi gestartet und hatte Treibstoff für fünf Stunden dabei, reichlich genug; doch er hatte nicht mit der hohen Luftfeuchtigkeit gerechnet. Über dem Hochland geriet er zwischen zwei Wolkenschichten. Orientierungslos und ohne jede Möglichkeit, den Wilson Airport zu erreichen, begann er im Kreis zu fliegen, um ein Loch in der Wolkendecke zu finden. Über Funk empfahl man ihm vom Kontrollturm aus, sich nach Osten zur Küste oder nach Westen zum Victoriasee zu wenden, wo es freie Sicht gebe. Doch Thomas beharrte darauf, nach Nairobi zu wollen. Dann wurde es still. Zehn Tage später wurde sein Flugzeug im Bambuswald oberhalb Limuru gefunden. Die Maschine war beinahe unversehrt, aber leer: Der Pilot war verschwunden. Immer noch streiften Mau-Mau-Rebellen durch das Land, und man munkelte, daß Thomas entführt worden sei. Seine Frau bezahlte für weitere acht Tage die Nachforschungen, nachdem die Polizei die Suche aufgegeben hatte, aber vergeblich. Niemand hat jemals erfahren, was mit ihm geschehen ist.

Dieses Fluggelände bei Subukia, auf dem ich fliegen gelernt habe, ist übrigens dasselbe, das ich auch heute noch nutze; es liegt ganz in der Nähe meiner Farm, und ich habe dort einen neuen Hangar bauen lassen. Seine Eigentümer sind Afrikaner, die in der Gegend Grundstücke besitzen, und ich bezahle ihnen jährlich soviel, wie die Fläche ihnen einbrächte, wenn sie darauf Landwirtschaft betrieben. Sie können dort ihr Vieh weiden lassen, wodurch das Gras kurz gehalten wird. Als Gegenleistung verlange ich, daß sie die Piste halbwegs in Ordnung halten, und natürlich, daß sie ihre Tiere wegtreiben, wenn ich ankomme oder abfliege.

Mein erstes Flugzeug, eine Piper Cherokee 235, kaufte ich Anfang 1964. Die amerikanische Firma Piper war damals mit dieser neuen Cherokee-Serie groß im Geschäft bei den einmotorigen Langstreckenmaschinen. Ich hatte das leistungsstärkste Modell mit einem 235-PS-Motor gewählt, das eine Zuladung von 675 Kilogramm erlaubte, mehr als sein Eigengewicht; das perfekte Transportmittel für Kenia, wo es, wie erwähnt, vor allem auf Leistung und Schnelligkeit ankommt. Beim Start von kurzen und hoch gelegenen Pisten sprang es förmlich mit einem Satz in die Luft. Bill Ford half mir, mit der neuen Maschine zurechtzukommen, und auch diesmal bewegte es mich in besonderer Weise, als ich das Steuer eines Flugzeugs übernahm, das fabrikneu, sehr leistungsstark und ganz allein meines war.

Michael Wood erfuhr sehr bald von meinem neuen Spielzeug:

»Anne, jetzt haben Sie Ihren Flugschein und Ihr wunderbares Flugzeug. Worauf warten Sie noch, kommen Sie doch endlich zu uns!«

Die AMREF besaß damals erst zwei Maschinen: jene von Wood, die er selbst flog, und eine zweite, die ein Berufspilot steuerte; etwas wenig, gemessen an den ehrgeizigen Plänen, die Michael Wood mit seinen fliegenden Ärzten hatte. Er erwartete meine Antwort mit Ungeduld, und ich war selbst nur zu geneigt, mitzumachen, doch zunächst mußte ich warten, bis mein Zweijahresvertrag mit dem Bezirk Nyandura abgelaufen war.

Im Sommer 1965 hatte ich vor, wie jedes Jahr nach Europa zu reisen; doch diesmal sollte es mit dem eigenen Flugzeug geschehen. Das tat ich nicht, um irgend jemandem zu imponieren oder um irgendwelche Rekorde aufzustellen – viele hatten dasselbe vor mir getan. Es war vor allem eine persönliche Herausforderung, eine Art Initiation, die meine Fähigkeiten als Pilotin und meine Ausdauer beweisen sollte. Dazu kam das Verlangen, Erfahrungen in der Navigation zu sammeln, die ich noch nicht so recht beherrschte, und Gebiete Afrikas zu entdecken, die mir noch unbekannt waren.

Meine Freunde waren nicht eben begeistert von diesem Plan:

»Du bist verrückt! Zwölftausend Kilometer hin und zurück über Wüsten und Sümpfe! Und über das Meer, mit einer einmotorigen Maschine!«

Aber ihr Widerstand dauerte nicht lange, da sie bereits wußten, daß ich meine Entscheidungen nicht rückgängig zu machen pflege. Ich habe mich nur gefragt, ob sie genauso reagiert hätten, wenn es ein Mann gewesen wäre, der unter denselben Umständen beschlossen hätte, ein solches Abenteuer zu wagen.

Vor einigen Jahren wurde ich einmal zu einer Ausstellung über Frauen in der Fliegerei eingeladen, die in Paris stattfand. Es hat mir sehr geschmeichelt, an die Seite der großen Persönlichkeiten der weiblichen Fliegerei gestellt zu werden, deren Verdienste die meinen weit überragten. Aber ihre Lebensgeschichten, die ich damals besser kennenlernte, bestätigten mich in dem Gedanken, daß die Verbindung von Frau und Flugzeug von Männern lange

Zeit als etwas Widernatürliches betrachtet wurde, obwohl schon in den Anfangsjahren der Fliegerei die Frauen den Männern bald in die Maschinen folgten, nicht nur als Passagiere, sondern auch als Pilotinnen. Doch ihre Kühnheit fand erst sehr spät Anerkennung, und auch heute noch wird ihre Leistung nicht wirklich gewürdigt. »Die Männer glauben nicht an unsere Fähigkeiten«, klagte die berühmte amerikanische Fliegerin Amelia Earhart, »sie trauen uns nichts zu.«

Etwas anders war die Situation in Kenia, einem Land, in dem nichts so gehandhabt wird wie anderswo und wo man Frauen zugestand, daß sie sich schon selber zu helfen wüßten. Wir hatten schon viele Pilotinnen, und nicht die schlechtesten. Beryl Markham, die 1935 Weltruhm erlangte, als sie zum erstenmal von England aus allein den Nordatlantik überquerte, war danach nach Kenia zurückgekehrt, dressierte Pferde und war eine der prominenten Persönlichkeiten Nairobis. Ich habe auch June Sutherland kennengelernt, die von der Königin für ihre Verdienste während des Kongokriegs ausgezeichnet wurde: Damals war sie auf behelfsmäßigen Pisten mitten im Kampfgebiet gelandet, hatte gefährdete Frauen und Kinder nach Ruanda ausgeflogen und auf diese Weise viele von ihnen gerettet.

Nun, zu Anfang des Sommers 1965 hatte ich erst einhundertundfünfzig Flugstunden hinter mir, aber ich war nicht so verrückt, wie meine Freunde glaubten, wollte ich mich doch nicht im Alleingang auf die weite Flugreise nach Europa wagen, sondern in Begleitung zweier Freunde: Dermott Bailey, der Navigationsoffizier bei der kanadischen RAF gewesen war, kümmerte sich um den Flugplan, die Wetterbedingungen und die Navigation, und sein Cousin, Tim Llewellyn, war für die Ladung zuständig. Wie man sie in einem kleinen Flugzeug verstaut und korrekt verteilt, bietet eine raffinierte Denksportaufgabe. Ich selbst überwachte neben der Steuerung den Zustand der Maschine und den Treibstoffverbrauch.

Unsere erste Zwischenlandung fand in Juba im Süden des Sudan statt. Die Stadt versank gerade im Chaos eines Flüchtlingsstroms aus dem früheren Belgisch-Kongo, das damals noch nicht Zaïre hieß und gerade einen furchtbaren, monatelangen Bürgerkrieg durchgemacht hatte. Das einzige Hotel der Stadt, das »Hotel Eisenbahn«, war mit Flüchtlingen überfüllt. Wir wurden in kleinen Pavillons hinter dem Hotel untergebracht, die mit ihren Kuppeln im Kolonialstil bezaubernd aussahen; es gab jedoch kaum etwas zu trinken und zu essen.

Am nächsten Tag überflogen wir ein wenig bange die gefürchteten Nilsümpfe, den Sudd, eine der menschenfeindlichsten Gegenden der Welt. Von oben gesehen wirkt das Gebiet wie eine blühende Ebene, doch in Wirklichkeit handelt es sich um eine undefinierbare Masse aus Wasser und Schlamm, in der weder Menschen noch Tiere überleben können – außer Krokodilen und Moskitos. Wenn man in dieser Gegend einen Motorschaden hat, sind die Chancen, jemals gefunden zu werden und dann mit heiler Haut davonzukommen, sehr gering.

Die vier Stunden, in denen wir über den Sudd flogen, erschienen uns ziemlich lang, denn zur Beklemmung kam die

Langeweile einer völlig monotonen Landschaft, die einem nicht das Gefühl gab, überhaupt vorwärtszukommen.
Ich dachte an das Mißgeschick, das in den dreißiger Jahren dem britischen General Lewine zugestoßen war. Nach seiner Pensionierung hatte er das Fliegen gelernt und war ein ausgezeichneter Pilot geworden, ja, er hatte sogar den King's Cup gewonnen, einen in Großbritannien sehr bekannten Flugwettbewerb. Zusammen mit seiner Frau war er in seinem kleinen Flugzeug auf dem Weg nach Kenia, als ein Motorschaden über dem Sudan sie zwang, mitten in den Sümpfen des Sudd zu landen. Acht Tage mußten sie auf einer papyrusbewachsenen Insel ausharren; sie hatten noch etwas Proviant im Flugzeug und tranken Wasser aus dem Nil. Der Fluß war an jener Stelle nicht so tief, daß man vor Krokodilen Angst haben mußte, doch die Moskitos waren unerbittlich. Zum Glück hatte Mrs. Lewine einen Regenschirm und ein Moskitonetz dabei, mit denen sie eine Art Schutzdach improvisierte.
Als die beiden nicht wie vorgesehen an ihrem nächsten Ziel ankamen, startete man eine Suchaktion. Die gesamte RAF wurde mobilisiert, selbst die Besatzungen der Imperial-Airways-Linienflüge hatten Anweisung, das Gebiet in geringer Höhe zu überfliegen und zu beobachten. Was die Lewines rettete, war der kleine Spiegel aus ihrem Necessaire, mit dem sie den Flugzeugen Lichtzeichen geben konnten. Eine RAF-Maschine entdeckte sie und warf ein Survival-Paket ab, das aber in so großer Entfernung landete, daß sie es nicht erreichen konnten. Hubschrauber standen damals nicht zur Verfügung; schließlich holten Sudanesen sie mit dem Einbaum aus ihrer mißlichen Lage.

Mit großer Erleichterung erreichten wir unseren Zwischenstopp Malakal, wo wir wieder auf den Weißen Nil trafen, dem wir von da an bis Khartum folgten, wo wir übernachten mußten. Dort machte ich zum zweitenmal eine schlechte Erfahrung mit sudanesischen Beamten: Die Polizisten nahmen Anstoß daran, daß ich Hosen trug. Ich wurde richtig wütend.

»Aber ich kann doch nicht mit einem Rock fliegen! Ich bin nämlich der Pilot dieses Flugzeugs. Ich bin der ›Captain‹, verstehen Sie?«

Daß eine Frau Hosen trug, war schon unannehmbar, daß sie jedoch auch noch ein »Captain« sein sollte, ließ für sie eine Welt zusammenbrechen. Ich mußte ihnen versprechen, ein Kleid anzuziehen, sobald ich im Hotel war, und das tat ich auch, um nur endlich aus der Affenhitze zu kommen, die auf dem Flugplatz herrschte.

Am nächsten Tag machten wir Halt in Atbara nordöstlich von Khartum, wo wir unsere Maschine auftankten; dann mußten wir den Nil verlassen, der an dieser Stelle eine große Schleife in Richtung Westen macht. Es war nicht angenehm, daß wir uns nicht mehr an den großen Strom halten konnten; wenn man auf Sicht fliegt, ist man auf markante Orientierungspunkte angewiesen, die jedoch mitten in der Wüste ziemlich selten sind. Also beschlossen wir, der Eisenbahnlinie bis nach Wadi Halfa an der ägyptischen Grenze zu folgen. Parallel zu den Schienen verlief eine Straße, und pro Tag fuhr mindestens ein Zug vorbei; so waren wir sicher, im Fall einer Panne Hilfe zu finden. Wir waren gezwungen, in sehr geringer Höhe zu fliegen, um den Boden ausmachen zu können, da es im Sommer

über der Wüste sehr diesig ist; manchmal hatten wir den Eindruck, durch eine blaue Wattewolke zu fliegen.
Die Altstadt von Wadi Halfa war damals noch nicht unter den Wassermassen des Assuan-Staudamms begraben; unter uns lagen die wunderschönen Landschaften südlich des Nassersees, der eben erst aufgefüllt wurde. Das Wasser hatte die Tempel von Abu Simbel noch nicht bedeckt, und wir konnten die riesigen, aus dem Fels gehauenen Figuren an ihrem ursprünglichen Platz sehen.
Als wir uns Assuan näherten, wurde uns per Funk ein Sturm über Luxor gemeldet, das wir direkt hatten anfliegen wollen. Es war dieser furchtbare, heiße Wüstenwind, der Sand mit sich trägt und so oft denen die Ferien verdirbt, die im Sommer Oberägypten besuchen wollen. Also landeten wir in Assuan und warteten, bis der Sturm weiterzog. Endlich in Luxor angekommen, mußten wir erst lange mit den Leuten von der Gesundheitsbehörde verhandeln, die sich weigerten, uns in die Stadt zu lassen.
»Sie haben eine Nacht in Juba verbracht, wo Fälle von Meningitis aufgetreten sind. Vielleicht sind Sie Überträger. Sie verlassen auf keinen Fall den Flughafen.«
Wir waren seit Tagesanbruch auf den Beinen, hatten Hunger und Durst, und die Temperatur lag bei etwa fünfzig Grad im Schatten. Schließlich ließen sie uns unter der Bedingung gehen, daß wir einen Arzt aufsuchten, um Unmengen von Sulfonamiden einzunehmen; der nahm seine Aufgabe auch sehr ernst und nötigte uns, die Tabletten vor seinen Augen zu schlucken.
Trotz der großen Hitze blieben wir drei Tage in Luxor und besichtigten die Tempel und das Tal der Könige, um dann

nach einem weiteren Flug durch den Nebel Kairo und seinen großen Flughafen zu erreichen. Ich hatte einige Schwierigkeiten, mich über Funk mit den Leuten im Tower zu verständigen, die ein recht ungewöhnliches Englisch sprachen; aber sie waren sehr freundlich und erleichterten uns unsere Aufgabe beträchtlich.

Nach drei Tagen Touristendasein zwischen Museum und Pyramiden nahmen wir Kurs auf Kreta – mein erster großer Flug übers Wasser, mehr als sechshundert Kilometer über das Mittelmeer. Wie es die Vorschrift verlangt, hatte ich mir in Nairobi vorsorglich ein Rettungsschlauchboot und Schwimmwesten, Modell Mae West, aus überschüssigen Armeebeständen besorgt. Ich möchte ausdrücklich betonen, daß ich diese Schwimmwesten nicht in einem Linienflugzeug habe mitgehen lassen, wie so viele Piloten das tun!

Es ist immer ein besonderer Moment, wenn man zu einem langen Flug übers Meer startet und weiß, daß stundenlang kein Land in Sicht sein wird, um die Nerven zu beruhigen und einem die Gewißheit zu geben, daß man auf dem richtigen Weg ist. Als wir uns Kreta näherten, hing die Wolkendecke so tief, und das Wetter war so scheußlich geworden, daß ich gezwungen war, bis dicht über die Wasseroberfläche herunterzugehen. Eine halbe Stunde lang mußte ich Warteschleifen ziehen, bevor ich bei starkem Sturm in Heraklion landen konnte.

Nach weiteren drei Tagen Kulturprogramm – wir besuchten Knossos und andere Ausgrabungsstätten – starteten wir nach Athen, wo dichter Flugverkehr herrschte, da der Flughafen damals noch als Zwischenstopp für Linienflugzeuge in den Nahen Osten diente, die dort auftanken mußten. Beim Anflug mußte ich mich nach abgehackten, knisternden Funkanweisungen zwischen startenden und landenden Boeings durchkämpfen und fühlte mich dabei recht winzig. Der Tower dirigierte mich auf eine Rollbahn zwischen den beiden Jetlandebahnen, eine weise Vorsichtsmaßnahme, um der Sogwirkung der großen Flugzeuge zu entgehen; hinter den Jets bilden sich nämlich Turbulenzen, die eine Cherokee wie ein Blatt herumwirbeln können.

In Athen traf ich meine Familie, mit der ich zu einer Kreuzfahrt zu den griechischen Inseln aufbrach. Drei Wochen lang kam ich meinem Flugzeug nicht in die Nähe, und nie habe ich die Ruhe, die Stille, die Langsamkeit und Beschaulichkeit des Segelns mehr genossen als in jenem Jahr. Dann flog ich über Korfu, Rom und Cannes weiter nach Paris. Da ich diese lange Reise, oder zumindest die Hälfte davon, ohne Schwierigkeiten hinter mich gebracht hatte, hielt ich mich bereits für eine fähige und erfahrene Langstreckenpilotin; die folgenden Ereignisse sollten mich mehr Bescheidenheit lehren.

Den Rest meiner Ferien wollte ich im Elsaß und in der Schweiz verbringen und daher allein vom Flugplatz Toussus-le-Noble bei Versailles zum Flughafen Basel-Mülhausen fliegen. Das Wetter in jenem Spätsommer war schlecht; der Wetterdienst gab sich sehr pessimistisch, wie es die Leute im Kontrollturm gegenüber Amateurfliegern häufig tun, wahrscheinlich, um sie nicht unvorsichtig werden zu lassen. Das hat aber eher zur Folge, daß man verunsichert wird und an Selbstvertrauen verliert, was

nicht gut ist, wenn man ein etwas heikles Flugzeug steuert.
Genau das passierte mir: Ich flog zu überstürzt ab und hatte fünf Minuten nach dem Start im anhaltenden Sprühregen völlig die Orientierung verloren. Dermott war nicht mehr bei mir, um mich zu dirigieren, ich hatte auch keinen Autopiloten, und es ist sehr schwierig, gleichzeitig das Steuer und eine Karte zu halten. Ich versuchte es auch gar nicht und funkte nach Toussus, ich hätte technische Probleme und müsse zurückkehren. Dort bereitete ich meine Navigation gewissenhaft vor, so wie ich es von Anfang an hätte machen sollen.
In Frankreich auf Sicht zu fliegen ist nicht einfach; die Straßen, Eisenbahnlinien, Flüsse und Städte gleichen einander, und am Ende bringt man alles durcheinander und weiß nicht mehr, wo man sich befindet. Man muß sich eisern an einen genau festgelegten Zeitplan halten und unbeirrbar seinen Kurs verfolgen. Dieses kleine Mißgeschick war mir eine Lehre.
Von Mülhausen aus unternahm ich einen Abstecher nach Zürich, wo ich die Cherokee für den Rückflug nach Nairobi überholen ließ, und holte dann meine beiden Besatzungsmitglieder, Dermott und Tim, ab. Nach einer Zwischenlandung in Rom starteten wir in Richtung Malta. Auf der Höhe von Neapel meldete Tim, daß wir Treibstoff verloren: Unterhalb der Steuerklappe sprühte aus dem Tragflügel ununterbrochen ein feiner Strahl. Tatsächlich fiel die Anzeige ein bißchen zu schnell, und das besserte sich auch nicht, als ich auf den linken Tank umgestellt hatte. Gott sei Dank hatten wir noch genügend

Treibstoff, um Malta zu erreichen, wo wir mehrere Tage Station machten und versuchten, das Problem zu beseitigen. Ein maltesischer RAF-Mechaniker kam uns zu Hilfe, aber wir konnten keinen Fehler finden und beschlossen daher, direkt über die Große Syrte und Libyen weiterzufliegen.

Nach zwei Dritteln der Strecke begann wieder Benzin auszulaufen. Da wir Gegenwind hatten, mußten wir befürchten, daß uns der Treibstoff ausgehen würde; also machten wir kehrt und flogen zurück nach Malta. Auch der Spezialist der Firma Piper, den wir nun aus der Schweiz anforderten, konnte zunächst nichts entdecken, und die Situation wurde langsam bedenklich. In Kenia wartete die Arbeit auf uns, wir konnten nicht ewig auf Malta festsitzen.

Schließlich entdeckte der Schweizer Spezialist, daß der Treibstoff an einer Dichtung des Ansaugkrümmers austrat; das ist der niedrigste Punkt des Systems, und an dieser Stelle wird bei der Überholung der Treibstoff entleert. Die Dichtung war in Zürich nicht richtig festgeschraubt worden, aber sie wurde erst ab einer bestimmten Höhe undicht, wenn der atmosphärische Druck abnahm.

So viel Zeit und Geld zu verlieren wegen einer simplen Gummidichtung! Es ist mir übrigens aufgefallen, daß technische Probleme an Flugzeugen häufig nach der Wartung auftreten, wie bei Autos – nur hat es dort weniger gefährliche Folgen.

Tim hatte es schon sehr eilig und kehrte mit einer Linienmaschine nach Nairobi zurück; Dermott und ich setzten die Rückreise allein fort, die sich als komplizierter erwies als die Hinreise. Wir flogen jetzt gegen die vorherrschende

Windrichtung und gegen die Sonne; außerdem bewegten wir uns in Richtung Osten, wodurch uns pro Tag mindestens eine Stunde Tageslicht verlorenging. Wir mußten in der Morgendämmerung starten, um nicht wertvolle Zeit zu verlieren und um möglichst lange Strecken zu schaffen. Damit hatten wir es beim Flughafenpersonal nicht immer leicht. In Marsa Matruh an der ägyptischen Küste holten wir den Mann von der Flugkontrolle sogar mit unserem Taxi ab, um sicherzugehen, daß er bei Tagesanbruch im Tower zur Stelle war.

Von Matruh aus überflogen wir die Kattarasenke mit Kurs auf Assuan und Khartum; ein Sandsturm zwang uns, dicht über den Telegrafenmasten an der Eisenbahnlinie zu bleiben, was wir gefahrlos tun konnten, da es auf der Strecke weder Tunnel noch Berge gab. Wegen des Zeitdrucks muteten wir uns Etappen von über tausend Kilometern zu.

Zwischen Khartum und Juba trafen wir auf eine Wetterfront mit ziemlich starken Turbulenzen. Maschinen der sudanesischen Fluglinie drehten ab, und wir befürchteten schon, umkehren zu müssen, doch die Flugwacht riet uns, weiterzufliegen. Die Störung war zwar an dieser Stelle sehr heftig, aber nicht besonders weiträumig. Wir wurden nur ein wenig durchgeschüttelt, bevor wir das mit Flüchtlingen vollgestopfte Hotel in Juba erreichten.

Eigentlich hätten wir direkt nach Nairobi fliegen und dort die Zollkontrolle durchlaufen müssen, aber ich landete lieber gleich in Subukia, wo Dermott und ich möglichst schnell Familie und Freunde treffen wollten. Wir hatten auch nichts Besonderes dabei, was die kenianischen Zollbeamten hätte interessieren können. Meine schönste Trophäe war mein Flugschein, der noch wie frisch gedruckt wirkte, dessen Seiten sich aber beträchtlich gefüllt hatten. Nie wieder habe ich eine so lange Reise unternommen. Die fliegenden Ärzte, damals noch nicht mehr als das etwas utopische Abenteuer einiger Freunde, sind zu einem Großunternehmen geworden, das den größten Teil unserer Freizeit in Anspruch nimmt. Zwar haben wir in den nächsten Jahren immer mehr Zeit im Flugzeug verbracht, aber diesmal geschah es im Dienst der Sache und in Ausübung unserer Pflicht.

Ohne Bedauern gab ich im Januar 1965 meine Stellung als Ärztin im Staatsdienst für den Bezirk Nyandura auf, war es doch immer schwieriger für mich geworden, den Versorgungsdienst, den ich ins Leben gerufen hatte, funktionsfähig zu erhalten. Die Behörden legten mir allerhand Hindernisse in den Weg und hatten es mit finanzieller Unterstützung gar nicht eilig. Das Benzin für meinen Wagen mußte ich aus eigener Tasche bezahlen, obwohl ich von Subukia aus täglich hundert Kilometer zurücklegte. Für die Entbindungsstation, die ich einrichten wollte, war kein Geld da, und noch dazu gab man mir zu verstehen, ich sei überbezahlt, obgleich mein Gehalt gerade tausend Shilling pro Monat betrug.

Einige meiner Kollegen waren geduldiger als ich. Dr. Bunny in Naivasha, Dr. Lowy bei den Thomson's Falls und Dr. Rozinger in Malindi hielten zwei Jahre länger aus, bis sie ohne ein Wort des Dankes entlassen wurden. Sie mußten dem ersten Abschlußjahrgang afrikanischer Me-

diziner nach der Unabhängigkeit weichen, die nun ihre Stellen antraten. Es waren gute Ärzte, doch sie wurden von den Behörden nicht besser behandelt als wir Europäer. Nach ihrem Studium müssen die afrikanischen Ärzte fünf Jahre lang für den Staat arbeiten und verdienen dabei weniger als junge Stenotypistinnen; danach haben sie verständlicherweise nur eines im Kopf: in der Stadt eine Privatpraxis zu eröffnen, um auf diese Weise ordentlich Geld zu verdienen. Natürlich ist dann keine Rede mehr davon, daß sie im Busch arbeiten.
Diese Situation machte das Eingreifen nichtstaatlicher Organisationen um so nötiger, die sich bemühten, in die Bresche zu springen und jene Mängel auszugleichen, die mangelnder Einsatz und fehlende staatliche Finanzierung im öffentlichen Gesundheitswesen geschaffen hatten. Die Gründer der AMREF hatten eine solche Entwicklung seit langem vorausgeahnt.

Michael Wood, mein neuer Chef, und seine Frau Susan waren 1947 mit ihren beiden ersten Kindern nach Kenia gekommen. Warum hatte sich dieser junge Arzt aus einer englischen Beamtenfamilie für Afrika entschieden? Sicherlich wollte auch er der Erinnerung an den Krieg und die Bombenangriffe entkommen; außerdem litt er an starkem Asthma, weswegen er in seiner Jugend bereits fünf Jahre in der Schweiz hatte verbringen müssen. Eigentlich wollte er nur sechs Monate bei einem Chirurgen in Nairobi arbeiten, der einen Assistenten suchte; doch Michaels und Susans Beziehung zu Kenia wurde bald sehr eng, und sie entschlossen sich zu bleiben. Aber wozu in Afrika leben, wenn sie nur in der Stadt wohnen und die unvermeidlichen Partys der Europäer besuchen würden? Wie sollten sie das afrikanische Volk kennenlernen, ohne mit ihm zu arbeiten?

Die Realität, das wahre Leben Afrikas, das ist die Landwirtschaft. 1950 kauften die Woods sechzig Hektar Land bei Limuru, auf den Hügeln, die zu den Aberdares hin ansteigen, fünfundzwanzig Kilometer nördlich von Nairobi.

»Ich hatte keine Ahnung vom Ackerbau«, gestand mir Michael später, »aber ich lernte durch die praktische Erfahrung. Hier wächst alles schnell, man bekommt rasch den Lohn für seine Mühe, wenn es gut läuft, und andernfalls erkennt man auch bald seinen Mißerfolg und muß einfach von neuem anfangen.«

Ihr erstes Haus bauten Michael und Susan selbst, nicht im traditionellen Kolonialstil, sondern mit großen Türen und Fenstern, die einen weiten Blick auf die wunderschöne Natur erlaubten.

Durch den Kontakt mit der Landbevölkerung fiel Michael Wood bald auf, wie viele Menschen durch Unfälle ernsthafte Gesundheitsschäden davongetragen hatten. Es gab immer wieder schlimme Verbrennungen; die Kinder fielen ins Feuer oder in Gefäße mit kochender Flüssigkeit; die Arbeiter wurden von Maschinen verletzt, mit denen sie nicht richtig umgehen konnten; nicht zu reden von Verwundungen durch wilde Tiere und Verkehrsunfällen.

Der Anblick all dieser entstellten oder verstümmelten Menschen erschütterte Dr. Wood so sehr, daß er für ein Jahr nach England zurückging, um die Kurse von Sir Archibald McIndoe, einem hervorragenden Spezialisten für plastische und wiederherstellende Chirurgie, zu besuchen. Wood war überzeugt, daß er den Afrikanern auf diesem Spezialgebiet eine größere Hilfe sein konnte, als wenn er als praktischer Arzt tätig war.

Nach seiner Rückkehr richtete er sich in Nairobi eine Ordination ein, die bald überfüllt war. Dann jedoch kam der Mau-Mau-Aufstand, und die Zeiten wurden schwierig. Michael mußte jeden Tag zu seiner Farm bei Limuru zurückfahren, um die Susan sich kümmerte, und dabei ein Gebiet durchqueren, das sich im Zentrum der Unruhen befand. Zwar hatten die Woods ein gutes Verhältnis zu ihren Angestellten, aber das nahende Unheil war deutlich zu spüren.

»Wir erfuhren nicht viel«, erzählt Susan, »aber hinter vorgehaltener Hand gab es Gerüchte von merkwürdigen Zeremonien, die im Wald abgehalten wurden und deren Sinn uns verschlossen blieb. Es hieß düster, der Sturm werde bald losbrechen. Bei den Fußballspielen hörte man keinen Beifall mehr, keine Begeisterungsstürme. Alles war totenstill.«

Dann kam der Ausnahmezustand, und die Farm diente als Stützpunkt für Polizeipatrouillen in der Umgebung. Das Mißtrauen hielt Einzug in den Gemeinden, man schloß sich bei Einbruch der Nacht zu Hause ein. Anstatt sich zu bewaffnen, entledigten sich viele ihrer Gewehre, um nicht einen Überfall zu provozieren.

Die Woods machten weiter, so gut es ging; 1957 jedoch verkauften sie schließlich die Farm bei Limuru, die ohnehin nie rentabel gewesen war, an eine religiöse Gemeinschaft und erwarben eine andere Farm bei Ol Molog an der

Nordwestflanke des Kilimandscharo, auf dem Gebiet des heutigen Tansania, das damals zusammen mit Uganda und Kenia noch ein einziges Land bildete, Britisch-Ostafrika. Der Landbesitz war größer, aber auch weiter von Nairobi entfernt: mehr als dreihundert Kilometer. Michael Wood erwarb den Flugschein und kaufte zusammen mit zwei anderen Farmern eine Piper Tripacer; so konnte er während der Woche in Nairobi praktizieren und an den Wochenenden zu seiner Farm zurückkehren. Ich erinnere mich noch, wie wir zu Beginn unserer Zusammenarbeit jeden Freitag abend den Wilson Airport verließen, jeder mit dem eigenen Flugzeug, er in Richtung Süden, ich in Richtung Norden. Oft meldeten wir gleichzeitig über Funk unsere Ankunft:

»Zentrale, Ol Molog in Sicht.«

»Zentrale, Subukia in Sicht.«

Auch Archibald McIndoe, Michael Woods ehemaliger Professor, besaß eine Farm in der Gegend, auf der er seine Ferien verbrachte, und dazu kam noch ein weiterer Schüler McIndoes: Tom Rees. Die Zusammenkünfte dieser drei Männer am Kilimandscharo führten schließlich 1957 zur Gründung der AMREF.

Der in Neuseeland geborene McIndoe war 1931 nach England gezogen und hatte während des Krieges Piloten und Besatzungsmitglieder behandelt, die in der Schlacht um England verletzt worden waren. In seinem Krankenhaus in Sussex hatte er an die dreitausendfünfhundert Operationen durchgeführt; er hatte Nasen, Ohren und ganze Gesichter wiederhergestellt sowie Hauttransplantationen bei Brandverletzungen vorgenommen.

Tom Rees stammte aus einer Mormonenfamilie aus Salt Lake City, wo sein Vater Biologieprofessor war. Als er ins Krankenhaus von Nairobi kam, um als Chirurg zu arbeiten, entdeckte er Afrika mit den arglosen Augen der Unschuld: In seiner Heimat Utah hatte er keine Vorstellung von den schlimmen Verbrennungen der Kinder gehabt, von einem Trachom oder von der Wiederherstellung der Augenlider nach einer Lepraerkrankung: Ihrer Lider beraubt, können die Patienten keinen Schlaf mehr finden, und die Augen drohen auszutrocknen, was Erblindung zur Folge hat.

McIndoe und Tom Rees hatten sich in die Pracht Afrikas verliebt: in die Tiere, Büffel, Gazellen und Giraffen, in die wunderbare Landschaft. So viel Schönheit neben so viel Elend machte sie fassungslos. Es war ihnen durchaus bewußt, daß die Patienten, die das Krankenhaus in Nairobi erreichten, nur einen winzigen Bruchteil des Leidens repräsentierten, das auf dem Land und im Busch herrschte.

Aus den leidenschaftlichen Diskussionen der drei Chirurgen erwuchs ein Leitgedanke: Man mußte zu den Kranken gehen, dorthin, wo sie lebten, und sie an Ort und Stelle, weitab von den für sie unerreichbaren Kliniken, behandeln. Ein richtungweisender Gedanke, der durch die Erklärung von Alma-Ata 1977 bestätigt wurde: Anläßlich einer Konferenz in der kasachischen Hauptstadt stellte damals die Weltgesundheitsorganisation fest, daß die Medizin zu den Patienten gehen müsse und nicht umgekehrt.

McIndoe wiederholte immer wieder gern diesen Ausspruch:

»Jeder Chirurg sollte eine Weile unter Naturvölkern leben.

Der Arzt würde sein Handwerk lernen und der Mensch seine Seele finden.«

So kam es zu dem Entschluß, eine Organisation zu gründen, die mobile ärztliche Betreuung in abgelegenen Gebieten zur Verfügung stellen und sich auch mit Forschungsarbeiten befassen sollte, bot sich doch zusätzlich ein interessanter wissenschaftlicher Aspekt: In diesem Teil Afrikas besteht die einzigartige Situation, daß Menschengruppen in bestimmten Gebieten verharren, ohne sich mit anderen zu vermischen. Daraus resultieren diverse rätselhafte medizinische Phänomene; zum Beispiel ist die Nahrung der Massai, die das Blut und die Milch ihrer Tiere trinken, sehr fetthaltig, und dennoch kennen sie keine Erkrankungen der Herzkranzgefäße. Manche Stämme leiden an exakt lokalisierbaren Krebsarten, während auf der anderen Seite des Berges andere Stämme immun sind oder andere Krebsarten entwickeln.

Der neuen Organisation gab man den Namen »African Medical Education and Research Foundation«; dann trennten sich die drei Chirurgen wie die Apostel, um die gute Nachricht in die Welt zu tragen und Geldgeber aufzutreiben: McIndoe ging nach England, Tom Rees in die Vereinigten Staaten, und Michael Wood hielt in Afrika die Stellung.

Um zu einer Zeit, da die Welt mehr um die Auflösung der Kolonialreiche als um humanitäre Hilfe besorgt war, eine so gigantische Aufgabe zu bewältigen, brauchte es einen starken Charakter und enormes persönliches Charisma. Beides besaß Michael Wood. Er war eine imponierende

Erscheinung: hochgewachsen, mit vom Asthma gekrümmten Schultern und einem dichten blonden Haarschopf, den ich mit den Jahren ergrauen gesehen habe. Im lebhaften Blick seiner blauen Augen lag eine ungeheure Energie. Bei allem, was er tat, war er voll konzentriert: ob er nun operierte oder ein Flugzeug steuerte – ja, sogar bei einer simplen Unterhaltung. Seine Überzeugungskraft und sein Verführungstalent waren für die unermüdliche Suche nach Subventionen und Geldgebern außerordentlich wertvoll.

Auch seine Frau Susan, eine ehemalige Krankenschwester, war eine außergewöhnliche Persönlichkeit. Nicht genug, daß sie vier Kinder – zwei Jungen und zwei Mädchen – aufzog, plante sie auch noch mit großer Hingabe und Ausdauer ihre Häuser, baute sie und richtete sie ein: zuerst das Haus in Limuru und dann die Farm von El Molog, die nach einem Brand vollständig neu aufgebaut werden mußte.

Susan hatte Afrika im Blut: Als Kind eines Missionars war sie am Kongo, in einer mit Teedosen und Moskitonetzen geschmückten Lehmhütte geboren worden.

»Meine Geburt war ein Ereignis«, erzählte sie gerne. »Sie wurde mit Trommeln im ganzen Wald verkündet. Ich war nämlich das erste weiße Kind, das in den Tiefen des Kongo zur Welt kam.«

Als Susan ein Jahr alt war, packten ihre Eltern sie in eine Hängematte und machten sich zu Fuß von ihrer Missionsstation zum Nil auf. Von Juba im Süden des Sudan gelangten sie dann mehr schlecht als recht stromabwärts bis nach Alexandria, wo sie das Schiff nach England nahmen. Eine beschwerliche Reise von sechs Monaten, die den

Charakter und die Widerstandskraft des kleinen Mädchens sehr gefestigt haben muß. Anschließend kehrte Susans Vater allein wieder nach Afrika zurück und kam nur alle drei Jahre einmal nach London. Er ging nach Kenia, um die El Molo und Turkana zu evangelisieren, und reiste anschließend nach Äthiopien. Als bedeutender Sprachforscher und Gelehrter übersetzte er die koptische Bibel aus dem altertümlichen Geez in modernes Amharisch und machte sie dann Kaiser Haile Selassie zum Geschenk. Ein erfülltes Leben, das mit neunundvierzig Jahren ein gewaltsames Ende fand, als er 1940 in London zusammen mit seinem Bruder bei einem Luftangriff ums Leben kam.

Obwohl er Pilot war, dachte Wood zunächst nicht daran, Flugzeuge zu benutzen. Fliegende Ärzte gab es schon in Australien, doch das war ein entwickeltes Land, in dem die Fliegerei sehr verbreitet und der Lebensstandard hoch genug war, um Flugzeuge zu kaufen und instand halten zu können. In Ostafrika gab es nichts Vergleichbares. So schaffte also Wood, als erste Geldbeträge eingegangen waren, Lastwagen an und ließ in jeden eine Apotheke, einen transportablen Operationsraum und eine Funkstation einbauen.

Als ich 1963 die AMREF kennenlernte, wurden diese Lastwagen aber schon nicht mehr für alle Aktivitäten genutzt, da sie schwerfällig waren, zur Regenzeit steckenblieben und oft Pannen hatten. Michael Wood war klar geworden, daß es nicht sehr nutzbringend war, Operationsräume auf Rädern zu transportieren; sinnvoller war es,

mit den bereits vorhandenen, von Missionen oder vom Staat geführten Krankenstationen zusammenzuarbeiten, ihnen bei der Einrichtung zu helfen und sie nur für Operationen zu nutzen. Damit waren Zeit und Geld gewonnen. Und außerdem benötigte man unbedingt Flugzeuge, die es noch zu besorgen galt.
Einige Jahre zuvor hatte der bekannte amerikanische Fernsehmoderator Arthur Godfrey der AMREF eine zweimotorige Piper Aztec geschenkt, die inzwischen ihre beste Zeit aber schon hinter sich hatte. Sie instand zu setzen hätte ein Vermögen gekostet. Glücklicherweise machte Godfrey der AMREF damals ein weiteres Flugzeug zum Geschenk: eine Cherokee 235. Im darauffolgenden Jahr spendete die katholische Hilfsorganisation »Misereor« eine Cessna 206 Skywagon, und Michael Wood ersetzte seine ziemlich mitgenommene Cherokee 180 durch eine zweimotorige Twin Comanche. Im April 1967 schließlich trugen Leonore Semlers Bemühungen Früchte: Die Frau eines deutschen Politikers hatte sich unserer Sache angenommen und setzte in Deutschland alle Hebel in Bewegung, worauf uns die Bonner Regierung eine weitere Cessna 206 schenkte und die Betriebskosten für zwei Jahre übernahm. Leonore Semler hatte außerdem fünfundzwanzig Funkgeräte beschafft, wodurch wir insgesamt dreiundsiebzig Funkeinrichtungen in den abgelegenen Missionsstationen besaßen. Nach und nach kamen also die »Flying Doctors« endlich an die notwendigen Mittel, um ihre ehrgeizigen Ziele zu verwirklichen.
Die Finanzen der AMREF erholten sich unter der Verantwortung von Billy Bunford, der bei Shell ausgestiegen war,

um unser Finanzdirektor zu werden. Er brachte etwas Genauigkeit und Strenge in die Verwaltung – nicht gerade Michael Woods Stärke. Die Piper Aztec wurde verkauft, und wir zogen aus den teuren Stadtbüros in der Stadt in die Wellblechhütte am Wilson Airport.

Noch immer hatten nur zwei Ärzte von uns einen Pilotenschein, nämlich Wood und ich. Bei meinem Beitritt zur AMREF hatte ich Dr. Roy Shaeffer ersetzt, der in die Staaten zurückkehren wollte, um sich um die Ausbildung seiner Kinder zu kümmern. Er war ein sehr erfahrener Arzt; ich dagegen war fast noch eine Anfängerin als fliegende Ärztin – fast, denn ich hatte bereits im Jahr zuvor, obwohl ich noch in Ol Kalou angestellt gewesen war, auf die Bitte Michael Woods hin einige Aufträge im Turkanagebiet übernommen.

Dick Anderson, der Missionsarzt im Krankenhaus von Lokori südwestlich des Turkanasees, hatte damals unsere Hilfe angefordert; er war von der Effizienz der fliegenden Ärzte überzeugt und wollte sie für seine Region nutzen. Er hatte einige Landeplätze anlegen lassen, die nur noch auf unsere Flugzeuge warteten. Meist war ich die allererste, die dort landete, was ich in meinem Flugschein mit roter Farbe vermerkte, ordentlich stolz auf diese Leistung, denn es war zumeist schwieriges Gelände, und ich hatte damals erst etwa sechzig Flugstunden hinter mir.

Im Turkanaland, das sich über ein weites Halbwüstengebiet von hundert mal zweihundert Kilometern erstreckt, war Anderson der einzige Arzt. Neben der Leitung des Krankenhauses von Lokori kümmerte er sich um das Krankenhaus von Kakuma, welches von einer katholi-

schen Mission geführt wurde, und um die Krankenhäuser von Lokitaung und Lodwar, die unter staatlicher Verwaltung standen. Es war das erste Jahr der Unabhängigkeit, und staatliche Ärzte waren noch rar.
Unsere Aufgabe bestand darin, eine Flugverbindung zwischen diesen verschiedenen Stationen herzustellen, die Patienten an Ort und Stelle zu behandeln, und jene, die einer aufwendigeren Behandlung bedurften, am Ende unserer Tour nach Lodwar zu bringen, wo Anderson, der auch als Chirurg ausgebildet war, seine Operationen durchführte. Manchmal, wenn der Eingriff plastische Chirurgie erforderte, kam Michael Wood zu Hilfe.
Da er vom Prinzip ausging, daß die Leute nur dem Wert beimessen, was sie bezahlen, verlangte Anderson für seine Behandlung ein symbolisches Honorar von ein oder zwei Shilling oder einen der Schmuckgegenstände, welche die Turkana tragen. Sie befestigen Aluminiumplättchen an Nase oder Ohren, oder sie stecken durch ein Loch in der Unterlippe eine leere Patrone – oder ein Röhrchen aus Elfenbein oder Knochen – und füllen es mit Tabak; während ihrer langen Wanderung können sie den Inhalt dann rauchen. Oft werden auch die beiden unteren Schneidezähne entfernt.
Als ich zum zweitenmal in Lomelo landete, gerieten wir mitten in eine Feier. Die Turkana stolzierten in festlichen Gewändern, mit Straußenfedern geschmückt, herum, aber wir hielten trotzdem wie gewohnt unsere Sprechstunde ab. Kurz vor dem Abflug waren wir noch in eine *Duka* gegangen, um etwas zu trinken, als wir Geschrei hörten. Ein übel zugerichteter, blutverschmierter Mann kam in den

Laden hereingeschossen, warf sich uns zu Füßen und flehte uns an, ihn zu beschützen. Schließlich brachten wir ihn soweit, daß er uns stammelnd erzählte, was los war: Als Massai vom Mount Elgon war er auf die dumme Idee verfallen, sich an eine Turkanafrau heranzumachen. Das hatte den Männern des Stammes nicht gefallen: Sie hatten ihn verprügelt und warteten nun draußen, um ihm endgültig den Garaus zu machen.
Wir säuberten und verbanden ihn und gaben ihm Medikamente, aber es war keine Rede davon, ihn mitnehmen zu können; das Flugzeug war mit Patienten voll belegt. Also ließen wir ihn durch die Hintertür aus dem Laden, und er sauste los wie der Blitz, die Verfolger auf den Fersen. Ich befürchtete sehr, daß sie ihn einholen und ihn umbringen würden; erst kürzlich aber habe ich erfahren, daß dem nicht so war: Unser Massai hatte überlebt und es bis Lokori geschafft, wo die Missionare ihn aufnahmen – offensichtlich war er ein olympiareifer Läufer.

Mit Dick Anderson zusammen hatte ich auch meine erste größere Panne, und zwar in Lobokat, auf einem kleinen Fluggelände mitten im Busch, das sehr schmal und sehr kurz war. Windhosenartige Staubwirbel machten die Bestimmung der Windverhältnisse äußerst schwierig. Ich hielt die Nase des Flugzeugs hoch, um eine kurze Landung zu machen, als plötzlich, drei Meter über dem Boden, die Maschine durchsackte und abstürzte. Ein Rad brach, das Fahrgestell bohrte sich auf einer Seite in die Erde, und ich kam nach zehn Metern mit einer wunderbaren Karussellfahrt zum Stehen. Wir waren praktisch manövrierunfähig und steckten nun an einem Ort fest, den niemand außer Anderson und mir kannte – abgesehen von Michael Wood, der früher schon hier gelandet war. Gott sei Dank konnten wir ihn über Funk in der Zentrale erreichen, und er gab meinem alten Freund Bill Ford, der damals unser Chefpilot war, genaue Anweisungen. Innerhalb von vier Stunden erreichte uns das Rettungsflugzeug, nachdem ein Mechaniker und Ersatzteile aufgetrieben worden waren. Während wir warteten, hielten wir die Sprechstunde ab und baten die anwesenden Männer um Hilfe, da wir die Piste verlängern wollten. Das war um so notwendiger, als unser Flugzeug einen Teil der Landebahn blockierte und so fest in der Erde steckte, daß es nicht zu bewegen war. Bill Ford schaffte es zwar, ohne Schwierigkeiten zu landen, doch als der Mechaniker sein Material zusammengesucht hatte, hörten wir ihn toben:

»Das Ersatzteil – ich habe das wichtigste Teil vergessen: die Radachse. Wir müssen zurück nach Nairobi und sie holen.«

Vor Anbruch der Nacht konnten sie nicht zurück sein; die Reparatur würde erst am nächsten Morgen stattfinden können. So verbrachten wir die Nacht im nahen Krankenhaus von Lokori, in dem Dick Anderson zu Hause war.

Auch in Lokori hatte ich einige Ängste durchzustehen, als ich eines Tages die Landung völlig verpatzte. Einmal, zweimal, dreimal versuchte ich es, aber immer war ich zu schnell – und die Landebahn endete an einer Schlucht. Es brauchte eine ganze Weile, bis ich begriff: Der Wind hatte gedreht, was normalerweise nie passierte. Es gab weder Windsäcke noch Rauch, an denen man es hätte merken können, und niemand hatte daran gedacht, ein Feuer anzuzünden. Vielleicht glaubten die Missionare, daß ohnehin Gott uns zu Hilfe kommen würde und daß wir sonst nichts weiter brauchten.

Rauch ist und bleibt für uns das beste Mittel, um die Windrichtung anzuzeigen. Wir hätten zwar gerne Windsäcke, aber dafür braucht man viel Stoff, und der ist bei den Turkana sehr begehrt. Also werden die Windsäcke immer wieder gestohlen. In Lodwar, dem Hauptort der Region, hängt ein solches Exemplar unter strengster Bewachung im Gefängnishof, wo es vor Begehrlichkeit geschützt ist.

Zu diesen Wetterfahnen, die auf englisch *windsocks*, also Windsocken genannt werden, fällt mir noch eine nette Geschichte ein. In einer Missionsstation zeigten wir den Leuten einmal auf einer schönen Zeichnung, wie so etwas herzustellen sei. Bei der nächsten Tour war der Windsack tatsächlich angebracht worden, doch er hing kläglich an seinem Mast: Sie hatten das Wort »Socke« zu wörtlich genommen und ihn an einem Ende zusammengenäht.

Dick Anderson war nicht nur Arzt, sondern auch Pastor seiner Missionsstation, und als solcher predigte er in der Sprache der Turkana, die er perfekt beherrschte. Seine Frau und er waren sehr musikalisch; sie ließen ihre Konfirmanden fremdartige, schöne Lieder singen, die mir seltsam vorkamen.

»Das sind traditionelle Weisen der Turkana«, erläuterte

Anderson. »Wir haben Texte aus Chorälen darübergelegt, die wir in ihre Sprache übersetzt haben.«

Einmal brachten wir einen Filmprojektor nach Lodwar, um den Nomadenhirten Filme zur tiermedizinischen Schulung und zu Impfungsmethoden zu zeigen. Das ganze Dorf war versammelt und trug Gala, mit Federn und Halsketten. Als die Vorführung beendet war, stimmten die Turkana plötzlich einen perfekt abgestimmten Chorgesang an und hörten dann ebenso abrupt damit auf. Der Dolmetscher erklärte uns:

»Sie haben Ihnen gerade gesagt, daß das alles nutzlos ist; es interessiert sie nicht. Sie können die Dinge, die Sie ihnen zeigen, nicht durchführen.«

Auf diese Weise hatten die Hirten unisono, ohne sichtbare Ankündigung und ohne erkennbaren Dirigenten, ihre Mißbilligung in ernstem Ton und perfekter Harmonie zum Ausdruck gebracht. Der Gesang glich gregorianischen Chorälen oder Gospel-Songs, doch der Text war gänzlich improvisiert.

Verblüfft und ratlos packten wir unser Material wieder ein. Das Geheimnis der Protestsongs der Turkana kann ich mir bis heute nicht erklären.

Bei den Angehörigen dieser Stämme waren wir meist willkommen, selbst bei denen, die niemals ein Flugzeug gesehen hatten. Für sie sind die Weißen zu allem fähig, und man darf sich über nichts wundern, was sie tun. Einmal gab es aber doch einen Zwischenfall, und zwar in Lobokat. Wir hatten einen Jugendlichen mit einem Gangrän im Kiefer gefunden, das wahrscheinlich von einer mangelhaft versorgten Zahnextraktion herrührte. Der Junge war in sehr schlechtem Zustand, hatte einen Schock und hohes Fieber. Eine Operation und Penicillin hätten ihn noch retten können, doch Eile tat not. Wir hatten ihn bereits in die Piper gebracht, als eine scheußliche Alte auftauchte. Bucklig, zahnlos und mit weißem Haar, sah sie aus wie eine Hexe – und sie war auch wirklich eine. Anderson übersetzte mir ihr Gezeter.

»Sie will nicht, daß man ihn fortbringt. Sie sagt, daß er hierbleiben muß. Sie wird ihn behandeln.«

Ich war damit nicht einverstanden und ließ sie es wissen, aber nun näherten sich Turkanakrieger, die drohend ihre Speere schwangen. Sie schienen große Furcht vor der Alten zu haben. Ich war allein mit Anderson, wir konnten es unmöglich auf eine Kraftprobe ankommen lassen. Die Männer hätten wohl nicht gezögert, uns aufzuspießen. Wütend ließen wir den armen Kerl aus dem Flugzeug steigen und übergaben ihn wieder der Hexe, die ihn schimpfend wegführte. Ich bezweifle stark, daß er überlebt hat.

Eine unserer Hauptsorgen im Turkanagebiet war die hoch infektiöse Echinokokkose, eine vom Hundebandwurm verursachte Parasitenerkrankung. Über die Ausscheidungen des infizierten Tieres werden die Eier auf Pflanzen verteilt, dann von Pflanzenfressern und schließlich vom Menschen mit der Nahrung aufgenommen. Die ausschlüpfende Larve setzt sich in der Leber oder in den Eingeweiden fest und verwandelt sich in eine monströse Geschwulst mit einigen Kilo Gewicht, die Tausende Köpfe zukünftiger Bandwürmer enthält. Die Kranken bekommen einen riesig aufgeblähten Unterleib und werden buchstäblich von innen aufgefressen. In einem bekannten Reisemagazin erschien einmal ein Foto, das mich bei der Untersuchung einer jungen Turkanafrau mit einem sehr großen Bauch zeigte. Laut Bildunterschrift führte ich eine Schwangerschaftskontrolle durch; in Wirklichkeit jedoch litt diese arme Frau an einer Echinokokkuszyste in weit fortgeschrittenem Stadium. Der Irrtum ist verständlich, denn die Krankheit ist im Westen wenig bekannt – obwohl es auch dort innerhalb muslimischer Gemeinschaften, in denen heimlich und ohne Gesundheitskontrolle Schafe geschlachtet werden, Fälle gibt. In den Krankenhäusern von Marseille ist der Hundebandwurm kein Unbekannter.

Lange Zeit haben wir versucht, diese Krankheit ausschließlich chirurgisch zu behandeln, indem die Geschwulst entfernt wurde, doch es gab fast immer Rückfälle. Es genügt, daß ein einziger Kopf im infizierten Gewebe bleibt, um den Kreislauf erneut in Gang zu setzen. Heute setzen wir parallel dazu eine Chemotherapie ein, aber das Medikament hat schwere Nebenwirkungen und wirkt nur in der Hälfte der Fälle.

Auch hier bleibt die Vorbeugung immer noch das beste Mittel gegen das Übel, doch es gilt eingefahrene Gewohnheiten zu überwinden. Ein Turkanakrieger tötet eine Ziege und findet eine Geschwulst in der Leber; er schneidet sie heraus und wirft sie in den Sand, wo sie die Hunde fressen. Der Hund, der seinerseits zum Überträger geworden ist, infiziert das Gras, welches die Kamele fressen; auch sie treten nun in den Kreislauf ein. Was noch schlimmer ist: Sowohl bei den Turkana als auch bei den Massai werden die toten Hirten nicht begraben. Man läßt ihre Leichen im Busch liegen, wo sie von fleischfressenden Tieren verschlungen werden, die sich neuerlich anstecken. Ein Teufelskreis, der nicht leicht zu durchbrechen ist. Das schwächste Glied in der Kette ist der zahme Hund, und bei ihm konnten wir am leichtesten ansetzen. Wir haben die Nomaden davon überzeugt, herumstreunende Hunde zu töten und nur die zu behalten, die für die Herde von Nutzen sind. Sie bekommen starke Entwurmungsmittel, damit sie die Parasiten loswerden, und ihre Exkremente werden verbrannt.

Die Echinokokkuszyste entwickelt sich im allgemeinen in den Eingeweiden, aber man findet sie auch in anderen Körperteilen. Einmal bin ich sogar auf eine gestoßen, die sich in der Augenhöhle gebildet hatte und das Auge nach außen drückte.

Der erste Fall, den ich bei den Turkana sah, war der eines sechsjährigen Mädchens, das eine Geschwulst am Knie hatte. Wir hatten es in Lokitong angetroffen, und Anderson hatte es zur Operation nach Lodwar gebracht. Dort hatten wir einen Pfleger, der behauptete, die Anästhesie durchführen zu können. Wir benutzten also Chloroform. Im Laufe der Operation bemerkte Anderson, daß das Blut sich leicht blau färbte. Er war beunruhigt, doch der Pfleger versicherte ihm, daß alles in Ordnung sei. Schließlich aber ließ er die Kleine so viel Chloroform einatmen, daß Atemstillstand eintrat. Wir führten eine Herzmassage durch und versuchten verzweifelt, sie wiederzubeleben, aber ohne Erfolg. Es war eine wahre Tragödie, um so mehr, als dieses Kind ohne Schwierigkeit hätte gerettet werden können. Wir waren fassungslos, wußten wir doch, daß wir keine Macht hatten, ein solches Unglück zu ver-

hindern. Wir mochten wohl fähige Chirurgen haben, doch haperte es an der Infrastruktur; das Pflegepersonal war seiner Aufgabe nicht gewachsen und überschätzte allzu oft sein Können.
Im Laufe jenes Jahres 1964 erhielten wir Verstärkung von einer fliegenden Krankenschwester, einer jungen amerikanischen Nonne namens Schwester Michael Therese. Ihr Vater diente in der US-Air Force in Deutschland, und sie hatte auf einer Militärbasis fliegen gelernt. Sie war nach Kenia gekommen, um in der von irischen Missionaren geleiteten »Medical Mission of Mary« zu arbeiten. Die Patres hatten ein kleines Flugzeug als Spende bekommen, eine Cessna 182, mit der sie nicht allzu viel anzufangen wußten. Genauer gesagt, sie hatten kein Geld, um die Betriebskosten zu bezahlen. Also trafen sie eine Übereinkunft mit Michael Wood: Die AMREF sorgte für die Instandhaltung und bezahlte Öl und Benzin; sobald der für diese Leistungen gezahlte Betrag dem Schätzwert der Maschine entspräche, würde sie den Flying Doctors gehören – ein typisch afrikanischer Tauschhandel.
Schwester Michael Therese war natürlich ständig mit diesem neuen Flugzeug unterwegs. Sie kam sehr gut damit zurecht und konnte überall landen. Ihr Schwachpunkt war die Technik, von der sie nicht viel verstand. Eines Tages sah ich sie besorgt:
»Ich habe dieses Flugzeug schon seit sechs Monaten und frage mich, ob man nicht Wasser in die Batterie nachfüllen müßte? Wissen Sie, wo die sich befindet?«
Ich öffnete die Motorhaube und zeigte ihr den kleinen Kasten:

»Ich glaube, da ist sie drin.«

»Ach so! Son of a gun, das hätte ich nie gedacht.«

Das war ihr Lieblingsschimpfwort, »Sohn eines Halunken«. Nicht schlecht für eine Nonne.

In Uganda hatte ihre Maschine einmal einen schweren Motorschaden und verlor sehr viel Öl. Ihre Schutzengel müssen über sie gewacht haben, denn es passierte direkt über dem Gelände von Amudat, einer protestantischen Mission, wo sie im Spiralflug heruntergehen und unbeschadet auf dem großen Flugplatz landen konnte. Ungeduldig meldete sie sich über Funk:

»Sagen Sie mir, was ich machen muß, um die Maschine zu reparieren – das kann doch nicht schwer sein –, und ich starte wieder.« Nur mit äußerster Mühe konnte sie Michael Wood davon überzeugen, daß sie ohnehin bereits großes Glück gehabt hatte und nun auf uns warten solle.

Schwester Michael Therese übernahm die AMREF-Station im Turkanagebiet und richtete sich im Krankenhaus von Lodwar ein, in dem seit kurzem eine Chirurgin und Nonne arbeitete. Damit war für diese Region gesorgt, dies um so mehr, als auch Dr. Anderson Hilfe von einer protestantischen amerikanischen Organisation erhielt, der »Missionary Aviation Fellowship«. Wir hatten den Anstoß gegeben, jetzt konnten wir unsere Anstrengungen auf andere Gebiete konzentrieren, die unsere Unterstützung brauchten.

1965 herrschte im Turkanagebiet eine Hungersnot. Da ich mit den Landeplätzen in der Region vertraut war, wurde ich mit einer Erkundungstour beauftragt, um die Lage zu sondieren. Für diese Aufgabe mußten wir mit Brother Mike zusammenarbeiten, einem amerikanischen Mönch der »Société de Marie«, der als Lehrer an der Mangu High School von Nairobi beschäftigt war. Er hatte auch mit »Wings For Progress« zu tun, einer Vereinigung, die es sich zur Aufgabe machte, Missionare jederzeit überallhin zu bringen, und dabei von der amerikanischen Regierung unterstützt wurde. Ich habe mich manchmal gefragt, ob vielleicht auch die CIA ihr Scherflein dazu beigetragen hat, boten doch diese Flüge eine ideale Tarnung, um alles zu beobachten, was sich im Lande tat.

Brother Mikes Assistent und Pilot war George, ebenfalls »Brother« genannt, obwohl er kein Mönch war; ein anständiger Bursche, wenn auch ziemlich unvorsichtig, wie ich zu meinem Leidwesen erfahren sollte. Für diese Erkundungsmission im Turkanagebiet sollte er die Gruppe fliegen, zu der ich gehörte. Als er mich mit seiner Cessna 206 in Nakuru abholte, war bereits ein gewisser Mr. Foot an Bord, der von der Regierung beauftragt war, sowie eine irische Schwester. Dann flogen wir nach Kitale, wo George weitere Passagiere aufnahm. In letzter Minute kam noch unvorhergesehen eine katholische Nonne dazu, die zurück nach Kakuma wollte.

Wir waren also zu siebt im Flugzeug, dazu noch das Gepäck und die Ausrüstung. Die Piste von Kitale ist zwar sehr lang, liegt aber auf einer Höhe von zweitausend Metern, und das Gras war ziemlich hoch. Ich begann mich zu fragen, wie wir den Start schaffen sollten. Als Kopilotin kannte ich die Leistung der Maschine nicht, daher hielt ich lieber den Mund. George gab Gas, und wir nahmen Geschwindigkeit auf. Das Flugzeug hob ab und setzte wieder auf; es schien endlos zu dauern. Das Ende der Startbahn kam näher, und wir waren immer noch nicht in der Luft. Die Nonne kreischte:

»George, stop, please let me off!«

Endlich bremste George, wendete und meinte sehr selbstsicher:

»Ich weiß, was los ist; wir machen's jetzt noch mal.«

Anscheinend hatte er das Kraftstoffgemisch für diese Höhe falsch eingestellt, aber diesmal, so versicherte er uns, werde alles gutgehen.

Nicht nur im Flugzeug herrschte Panik, sondern auch draußen: Die Leute rannten herum und fuchtelten mit den Armen, ein Jeep kam über die Piste gerast, und man rief uns zu, anzuhalten und die Passagiere aussteigen zu lassen. Die Nonne schrie, sie sei damit absolut einverstanden. Aber George blieb stur:

»Ich weiß, was ich tue.«

Wieder starteten wir. Erst im letzten Moment bequemte sich die Cessna, abzuheben. Während sie mit hoch erhobener Nase aufstieg, tutete die ganze Zeit ununterbrochen die Überziehwarnanlage. Es ist schrecklich, am Steuer zu sitzen, wenn die Dinge schiefgehen, da man besser als die Passagiere weiß, was sich abspielt.

Wir steuerten nun auf Lokori zu, wo wir zwei Personen absetzen sollten. Freundlich sagte George zu mir:

»Anne, ich zähle darauf, daß Sie mir bei diesem Landeplatz helfen; den kenne ich überhaupt nicht.«

Das hatte gerade noch gefehlt. Die Piste von Lokori ist sehr schmal und wird, wie erwähnt, von einer Schlucht und Felsen begrenzt. Man muß dort eine sehr kurze Landung zuwege bringen und sofort bremsen. Ich konnte mir kaum vorstellen, wie das ein Pilot, der noch nie dort gewesen war, mit einem überladenen Flugzeug schaffen sollte. Aber anstatt auf George einzureden und ihn damit zu verunsichern, griff ich zu einer List und dirigierte ihn heimlich nach Kangetet, einem alten Flugplatz aus Kriegszeiten, bloß fünf Kilometer von Lokori entfernt; er hatte eine riesige Piste, auf der wir bestimmt sicherer landen konnten.

George flog eine erste Schleife, verlor die Bahn aus den Augen, kam beim zweitenmal zu niedrig an und konnte die Maschine dann beim dritten Versuch endlich auf den Boden setzen. Er war wirklich kein besonders guter Pilot. Erst in der *Duka* neben dem Flugplatz erfuhr er dann, daß er sich nicht in Lokori, sondern in Kangetet befand. Er war wütend, ich allerdings auch:

»Sie hätten da drüben niemals landen können. Wenn ich schon sehe, was Sie hier angestellt haben, wo es kinderleicht ist! Lokori ist fünf Kilometer entfernt. Sie brauchen nur über Funk das Krankenhaus zu rufen, dann wird man Sie abholen. Oder Sie gehen einfach zu Fuß.«

Kurz und gut, Brother George brachte uns schließlich im Turkanagebiet überall hin, aber ich stellte meine Bedingungen und kontrollierte genau, was er tat. Als er mich dann am Ende unserer Runde in Nakuru absetzte, gestand er:

»Wissen Sie, der Motor dieses Flugzeugs pfeift aus dem letzten Loch. Er tut's vielleicht noch zehn Flugstunden lang. Da hat man natürlich nicht die volle Leistung.«

Wenn er das gewußt hatte, warum ging er dann solche

Risiken ein? Er war kein Mann der Kirche, aber vielleicht hatte ihn sein ständiger Umgang mit Kirchenleuten glauben lassen, daß er unter dem besonderen Schutz Gottes stand.

Nach meiner festen Anstellung durch die AMREF wurde ich mit der Aufgabe betraut, die ersten Flüge in den Bezirk Marsabit im Nordosten durchzuführen. Ich ging zunächst mit Bill Ford auf die Reise, um die Landeplätze kennenzulernen: Loyangalani, North Horr, Ileret und den Polizeiposten von Sabarei; später kamen Dukana, Sololo und Moyale hinzu. Es sind dieselben Stationen, die ich auch heute noch anfliege, aber damals waren die Bedingungen ganz anders. Es herrschte offener Konflikt mit Somalia, das den Norden Kenias beanspruchte und dort bewaffnete Banden unterhielt. Dörfer wurden gebrandschatzt oder geplündert, das Vieh gestohlen. Vor jeder Landung mußte ich warten, bis die Armee mit ihren Landrovern, die Maschinengewehre im Anschlag, die Piste besetzt hatte. Die Straßen konnte man nur im Konvoi befahren, hinter einer Militäreskorte, die Minen aufspürte.
Die Somal sind umtriebige Kaufleute. Sie haben sich in den kleinsten Dörfern angesiedelt, inmitten anderer Volksgruppen, mit denen sie eine gewisse Verwandtschaft verbindet, und betreiben dort ihre Läden, die *Dukas*. Daß sie, verglichen mit den Nomaden, relativ wohlhabend sind, gibt ihnen einigen politischen Einfluß. Sie verbreiten den Islam und fühlen sich Somalia näher als Kenia, und diese Tatsache nutzten die Machthaber in Somalia weidlich zu ihrer Rechtfertigung aus.

Die Bevölkerung in der Region hatte schwer unter diesen Unruhen zu leiden. Ihre Not wuchs noch, als ab Ende 1966 zu den Verwüstungen durch die Guerillakämpfer die Folgen von zwei Jahren Trockenheit und Hungersnot hinzukamen.

Ich verbrachte gerade einen freien Tag in Subukia, als mich ein Anruf der Zentrale erreichte:

»Anne, Sie müssen nach Moyale. Wir haben dort eine schwerverletzte Frau, die wir ins Krankenhaus von Nakuru transportieren müssen.«

Nakuru liegt zwar in meiner Nähe, aber Moyale an der äthiopischen Grenze ist immerhin vierhundert Kilometer weiter nördlich. Der Hin- und Rückflug würde fast den ganzen Tag in Anspruch nehmen. Ich wollte Einzelheiten wissen. Die Familie der Frau war massakriert worden, sie selbst hatte als einzige überlebt, indem sie sich unter einem Bett versteckte, als die *Shiftas* mitten in der Nacht angriffen. Diese Betten bestehen aus einem hölzernen Gitterwerk, das auf Pfählen ruht, welche im Boden stecken. Darauf wird ein Fell gelegt, und es ist gerade genug Platz, um sich darunterzuschieben. Ein *Shifta* stach mit dem Speer durch das Gitter; obwohl er ihren Bauch durchbohrte, unterdrückte die Frau ihren Schmerz und verriet ihre Anwesenheit mit keinem Laut. Bis zum Morgen blieb sie so und wagte nicht, sich zu bewegen. Bei Tagesanbruch zogen Leute aus einem anderen Dorf sie heraus und brachten sie ins Krankenhaus von Moyale. Dort verabreichte man ihr schmerzstillende Mittel und Antibiotika und rief uns dann über Funk, damit sie in eine größere Klinik verlegt werden konnte.

Die Piste beim Krankenhaus war nicht benutzbar, so daß ich gezwungen war, weiter entfernt niederzugehen. Während ich auf die Verletzte wartete, tankte ich die Maschine aus den Kanistern voll, die ich mitgebracht hatte, bestand doch laut Wetterbericht Gefahr, daß ich einen Umweg machen mußte.

Beim Abflug war es nötig, daß ich in große Höhe aufstieg – etwa zehntausend Fuß –, um die Wolkendecke über den Matthews Range zu überfliegen. Glücklicherweise wurde mir über Funk mitgeteilt, daß über Nakuru alles klar sei und ich meinen Flug dorthin fortsetzen könne. In diesem Moment wachte die Verletzte auf dem Rücksitz auf. Versetzen Sie sich in die Lage einer braven Frau, die nie etwas anderes gesehen hat als ihresgleichen, ihre Kamele und den Busch, und die sich plötzlich in 3500 Metern Höhe über den Wolken in einer kleinen Kabine wiederfindet! Sie begann durchzudrehen, löste ihren Gurt und warf sich gegen die Tür, um aus der Maschine zu kommen. Ich war allein mit ihr und hatte keinen Autopiloten; so mußte ich mit einer Hand das Flugzeug stabilisieren, während ich sie mit der anderen auf ihrem Sitz hielt. Ich versuchte, vernünftig mit ihr zu reden, aber sie verstand kein Swahili. Schließlich bot ich ihr etwas zu essen an, einen Keks, glaube ich, und das besänftigte sie. Sie faßte Vertrauen und schlief wieder ein. Wenn ich es unter denselben Umständen mit einem kräftigen Mann zu tun gehabt hätte, hätte die Sache schlimm ausgehen können. Ich schwor mir, nie mehr allein mit einem Patienten zu fliegen.

Auf dem Landeplatz von Nakuru erwartete mich schon

der Krankenwagen, und im Spital hielten sich die Chirurgen bereit. Es war sechs Uhr abends, ich hatte gerade noch genug Zeit, um nach Subukia zurückzukehren.
Drei Monate später kam ich wieder in Nakuru vorbei. Im Krankenhaus hörte ich eine Frau nach mir rufen: Meine Verletzte hatte überlebt und auch ein wenig Swahili gelernt, so daß wir uns unterhalten konnten.
»Es geht dir jetzt besser«, meinte ich; »in einem Monat komme ich, um dich abzuholen, und dann bringe ich dich nach Hause.«
Sie lächelte. Diesmal machte es ihr nichts aus, ins Flugzeug zu steigen.

In Afrika war zu jener Zeit vieles im Umbruch. Die Länder um Kenia wurden von den Geburtswehen der Unabhängigkeit geschüttelt, während Kenia selbst, abgesehen von dem Konflikt mit Somalia, wie eine Insel der Ruhe und Stabilität erschien.
In Sansibar waren 1964 in einer blutigen Revolution die Sultane von Oman verjagt worden, die seit Jahrhunderten dort regiert hatten; dann vereinigte sich die Insel mit Tanganjika zu Tansania. Im selben Jahr erhielten Ruanda und Burundi, die zuvor unter belgischem Mandat gestanden hatten, die vollständige Unabhängigkeit und bildeten zwei verfeindete Einzelstaaten, wo es vorher nur einen Staat gegeben hatte. Dadurch entstand eine explosive Situation, eine der schlimmsten Konfrontationen auf dem afrikanischen Kontinent. In Ruanda wie in Burundi machte die kleine Minderheit der Tutsi der Hutu-Mehrheit die Macht streitig. Man muß wissen, daß diese beiden Volksgruppen

unterschiedlicher Herkunft sind: Die Hutu sind Bantu, die Tutsi stammen von nilotischen Viehzüchtern ab.
Es kam, wie es kommen mußte: Die beiden Gruppen gingen aufeinander los, es kam zu schrecklichen Massakern und zu einem Massenexodus der Bevölkerung. Zu Tausenden strömten die Flüchtlinge in die Nachbarländer, darunter nach Tansania, das in aller Eile Aufnahmelager schaffen mußte.
Alle zwei Monate besuchte ich eines dieser Lager in Mwesi in der Nähe des Tanganjikasees, der im Südosten von Tansania liegt. Für die Strecke von tausend Kilometern brauchte ich etwa fünf Flugstunden; nach zwei Dritteln der Strecke machte ich eine Zwischenlandung in Tabora, um aufzutanken.
Mwesi liegt am Osthang der Mahariberge, weshalb die Wetterbedingungen dort oft ungünstig sind. Mehr als einmal konnte ich nicht landen und mußte nach Tabora zurückkehren. Über lange Zeit verdeckt jedes Jahr dichter Nebel sogar den Blick auf den nahen See; bei klarem Wetter aber bilden die Berge, die aus der weiten Wasserfläche emporsteigen, ein wunderschönes Panorama.
Das Lager leitete ein Schwede, der dem »Tanganyika Christian Refugee Service« angehörte, einer lutheranischen Organisation. Auch der Arzt im Lager war Schwede; er wurde von einer deutschen und einer niederländischen Krankenschwester unterstützt. Meine Aufgabe bestand vor allem darin, Impfstoffe und Medikamente in diesen verlassenen Winkel der Welt zu schaffen. Die Hauptstadt Dar es Salaam liegt tausend Kilometer entfernt an der Küste. Tansania ist ein riesiges Land, doppelt so groß wie

Kenia, aber mit einer gleich großen Einwohnerzahl. Vor allem im Westen fehlte damals jegliche Infrastruktur.
Im Lager in Mwesi konnte ich Michael Wood wieder einmal als hervorragenden Chirurgen bewundern. Die Krankenschwestern brachten uns einen etwa zehnjährigen Jungen, der durch eine schlimme Hasenscharte stark behindert war. Wir sollten nur zwei oder drei Tage bleiben, und so beschloß Wood, ihn bereits am nächsten Tag zu operieren. Da wir keinen chirurgischen Eingriff vorgesehen hatten, hatten wir keine Instrumente mitgebracht, und das Krankenhaus war sehr ärmlich ausgestattet. Doch Wood fegte alle Einwände beiseite:
»Ich brauche nicht viel: eine gute Schere, ein Skalpell, eine Klemme und Nahtmaterial.«
Als es soweit war, legten wir das Kind auf einen einfachen Tisch. Es schien keine Angst zu haben. Wood erklärte ihm freundlich, was geschehen würde: Es würde eine Spritze bekommen und nichts spüren. Gleichzeitig zeichnete er mit Kugelschreiber die Schnitte, die er machen wollte, im Gesicht des Jungen an:
»Es ist wichtig, daß ich vor der örtlichen Betäubung Markierungen mache. Danach läßt das Mittel das Gewebe anschwellen, und man kann nichts mehr genau erkennen.«
Eine intravenöse Petidingabe, um den Patienten zu beruhigen, eine Betäubungsspritze, ein paar präzise, schnelle Schnitte, und in einer Viertelstunde war die Operation beendet. Michael klopfte dem kleinen Patienten auf die Schulter und brachte ihn in sein Bett zurück. Am nächsten Tag war das Gewebe abgeschwollen und das Ergebnis verblüffend.

So war Michael Wood: Unter schwierigsten Bedingungen, völlig ohne Hilfsmittel, führte er perfekte Operationen durch. Ich könnte Tausende solcher Beispiele aufzählen, insbesondere Hauttransplantationen mit einer einfachen Rasierklinge bei großflächigen Verbrennungen.

Es brach einem das Herz, wenn man die vielen hundert mittellosen Flüchtlinge sah, die alles verloren hatten und nicht hoffen konnten, ein Ende ihrer Tragödie zu erleben. Dreißig Jahre später herrscht heute sowohl in Ruanda als auch in Burundi immer noch Bürgerkrieg. Das ist um so beklagenswerter, als diese Gebirgsländer fruchtbar sind und ein angenehmes, gesundes Klima haben. Sie könnten eine Art Schweiz am Äquator sein, käme nicht zu den ständigen kriegerischen Auseinandersetzungen ein explosives Bevölkerungswachstum. Die Mehrzahl sind Christen, die überwiegend der katholischen Kirche angehören – da ist Verhütung natürlich verpönt. Und die AIDS-Infektionsrate ist unter den höchsten der Welt.

Das war mein erster Kontakt mit dem Flüchtlingselend, diesem Krebsgeschwür Afrikas, das wir an einer Stelle zu heilen glauben, während es andernorts wieder aufbricht. Seither habe ich erlebt, wie Ugander, Äthiopier, Sudanesen und Somalier nach Kenia kamen; das ging noch bis in die jüngsten Monate so. Ich bin nie so abgehärtet geworden, daß mir dieses Elend normal oder erträglich erschienen wäre.

Auf diesen langen Flügen nach Mwesi hatte ich hin und wieder erhebliche Probleme. Ein heftiger Zusammenstoß mit Geiern brachte mir einen zerbeulten Auspufftopf und eine offene Ölluke ein, ein anderer Zwischenfall hätte schlimmer ausgehen können: Ich hatte zugelassen, daß sich die Wolkendecke um mich schloß, und alles um mich herum war weiß geworden. Das ist eine klassische und oft tödliche Falle: Wenn man nicht für den Instrumentenflug ausgerüstet ist, verliert man völlig die Orientierung und weiß innerhalb weniger Minuten nicht mehr, wo oben oder unten ist. Man kann leicht, ohne es zu merken, das Flugzeug auf den Rücken drehen, auf den Boden zusteuern oder die Maschine bis zum Strömungsabriß überziehen.

Ich sah, wie der Kompaß außer Rand und Band geriet und sich unaufhörlich drehte, ein untrügliches Zeichen dafür, daß nichts mehr ging und daß ich vom Kurs abgekommen war. Ich glaube, mein Reflex war richtig: Ich nahm das Gas weg und ließ das Flugzeug sinken. Dadurch wußte ich wenigstens, wo unten war, und als die Maschine aus den Wolken herauskam und ich die Landschaft sehen konnte, ging ich wieder auf Kurs. Hätte ich mich in geringerer Höhe befunden oder die Wolkendecke bis zum Boden gereicht, dann wäre ich nicht mehr da, um davon zu erzählen.

1965 nahm ich die Besuche bei den Massai wieder auf, auf die sich mein Vorgänger Roy Schaeffer spezialisiert hatte. Sie waren am schwersten dazu zu bewegen, unsere Anwesenheit und unser Eingreifen zu akzeptieren.

Die Massai sind ein hochfahrendes, stark den Traditionen verhaftetes Volk und wenig geneigt, den Schritt in die Moderne zu tun. Besonders stolz sind sie auf vergangene Zeiten, als sie die anderen Völker dank ihrer Tapferkeit und ihrer militärischen Organisation beherrschten – und dank ihrer Zahlenstärke: Sie sind immerhin zweihundertfünfzigtausend, der größte Volksstamm nach den Somal; sie leben teils in Tansania und teils in Kenia. Ihr Gebiet hat die Form einer Sanduhr, die in der Mitte von der Grenze durchschnitten wird – wobei diese Grenze für sie jedoch keinerlei Bedeutung hat.

Die Massai besitzen einen großartigen Charakterzug: Sie sind konsequent und praktizieren die absolute Demokratie. Für eine Entscheidung braucht es die Zustimmung des gesamten Clans. Wenn es sein muß, können sie tagelang miteinander diskutieren, bis alle überzeugt sind. Danach darf es aber keinen Vorbehalt, kein Genörgel und keinen Protest mehr geben.

Die englischen Kolonialherren waren dagegen gewesen, Ärzte zu den Massai in Kenia zu entsenden; es sei besser, sie nicht zu stören und ihnen nichts aufzuzwingen, was nicht ihren Wünschen entspreche. Sie hätten ihre eigenen Sitten, ihre eigene Medizin, und so sei es gut. Aber nach der Unabhängigkeit veränderte sich die Situation. Tansania wollte keine Ärzte aus Kenia mehr haben; im Gegenzug verlangte Kenia, daß wir uns um die Massai auf seinem Staatsgebiet kümmerten, und bot uns finanzielle Unterstützung an.

So begann also Roy Schaeffer in Tanganjika, in der Gegend um Arusha und in der Massai-Steppe, seine Arbeit aufzunehmen und stieß später, in der Anfangszeit der AMREF, zur »Mobile Unit«. Da er als Kind von Missionaren bei den Massai geboren war, beherrschte er ihre Sprache perfekt. Sie hatten großen Respekt vor ihm, sahen in ihm

einen Blutsbruder und nannten ihn *Bakooma*, »den, der niemals ruht«.
Auch ich habe festgestellt, wie wichtig es ist, die Sprache der Massai zu sprechen, sonst verliert man in ihren Augen jegliches Ansehen und jede Glaubwürdigkeit – sie verschließen sich. Ich kann mich mit ihnen unterhalten, und ich habe vor allem darauf geachtet, daß wir in unserer Mannschaft Massai als medizinische Assistenten und Fahrer hatten, dazu zwei englische Krankenschwestern, welche die Sprache erlernt hatten.
Vor zehn Uhr morgens, wenn sie ihre Tiere versorgt hatten, konnte man bei ihnen keine Sprechstunde abhalten. Zuerst kamen die Frauen, die Kinder und die Alten; dann die Männer, die sich zunächst am reserviertesten verhielten. Der letzte Lastwagen, den wir noch hatten, war zum Anhänger umgebaut worden und wurde von einem Landrover gezogen; er diente uns als mobile Krankenstation. Er war über ein paar Stufen zu betreten, welche die Massai bei all ihrer Gewandtheit nur mühsam überwanden. Es war seltsam anzuschauen, wie zögerlich und ungeschickt sie sich zumindest am Anfang anstellten. Die Treppe war für sie etwas Unbekanntes, Exotisches.
Es galt nun auch günstige Plätze für den Bau einer Schule und einer Krankenstation ausfindig zu machen. Erstes Kriterium war, daß es einen Brunnen gab, das zweite, daß somalische Händler in der Nähe waren. Wo sie sich niederließen, konnte man sichergehen, daß sich dort etwas aufbauen ließ. Diese Händler lieferten uns wertvolle Informationen über das Leben am Ort, die Gewohnheiten und die Stimmung bei den Nomaden. Damit hatten wir genü-

gend Sachkenntnis für die Entscheidung, eine Landepiste anzulegen.

Es war uns durchaus bewußt, daß es nicht leicht sein würde, den Massai die moderne Medizin näherzubringen. Wir trafen tausend Vorsichtsmaßnahmen für unser Vorgehen und suchten jede mögliche Unterstützung und jeden Rat. Einer meiner Nachbarn in Ol Kalou, Charles Winnington Ingram, hatte Viehhirten vom Stamm der Massai angestellt, die ihm ihre Sprache beigebracht hatten, und dann Kontakte mit einem Massai-Clan nahe Kaijado geknüpft, den Kangere. Dabei hatte er erfahren, daß der *Laigwanani*, der Häuptling der Kangere, bei einer Auseinandersetzung mit einem anderen Clan von einem Speer in den Oberschenkel getroffen worden war. Auf Ingrams Hinweis hin suchte Michael Wood den verwundeten Häuptling auf, dessen Ischiasnerv durchtrennt war. Wood gelang es, die Nervenenden zu verbinden, und innerhalb von drei Monaten konnte der Mann wieder laufen. Er lernte sogar, einen Traktor zu fahren; nur das Gefühl im Fuß war weitgehend verloren, so daß er Sandalen tragen mußte, um sich nicht nichtsahnend zu verletzen.

Nach dem Erfolg dieser Operation waren wir bei den Kangere willkommen. Sie luden uns zu sich ein und boten uns Met an. Das ist ein heimtückisches Getränk: Man fühlt sich nicht wirklich betrunken, im Kopf geht es einem prima, aber in den Beinen nicht so besonders, sobald man aufsteht.

Die Freundschaft dieses Clans war der Schlüssel, um die anderen zu gewinnen. Wir waren nun bekannt und geschätzt, wir hatten das Ende des Fadens, mit dem wir unser Netz spinnen konnten, in der Hand. Nun baten wir sie auch noch, uns beim Anlegen der Pisten behilflich zu sein: Wenn sie ihre Zeit und ihren Schweiß dabei geopfert hatten, so war unsere Überlegung, würden sie das Gelände als ihr Eigentum betrachten und darauf achtgeben, es pflegen und ihre Herden davon fernhalten.

Nach und nach hatte ich mein Team beisammen. Mein Fahrer Danieli arbeitete auch als Mechaniker und Dolmetscher und half uns dabei, den Kindern Augentropfen zu geben. Die beiden englischen Krankenschwestern, die Massai sprachen, Rosemary und Roby (ihr richtiger Name war Winnifred Robinson), blieben zwei Wochen mit einer mobilen Einheit im Busch; in der dritten Woche kam dann ich dazu, und wir machten uns mit dem Flugzeug auf den Weg zu den Sprechstunden.

Bevor ich ihn ablöste, half uns Doktor Roy Schaeffer noch bei einer sehr interessanten medizinischen Studie unter den Massai, die George Mann, ein amerikanischer Ernährungsspezialist, durchführte. Wie kam es, daß Menschen, die nur rohes Fleisch und Milch zu sich nahmen, nicht von Gefäßkrankheiten dahingerafft wurden? Sie aßen Sachen, die sie hätten umbringen müssen, die ihnen aber ausgezeichnet bekamen, und sie hatten einen ganz normalen Cholesterinspiegel.

Professor Mann hatte eine Art Höllenmaschine mitgebracht, ein motorbetriebenes Rollband mit verstellbarer Geschwindigkeit und Neigung. Mit Schaeffers Hilfe, der als Dolmetscher diente, ließ er Männer jeden Alters daraufsteigen und laufen. Wir sahen, wie alte Herren unglaubliche Steigungen im Eiltempo erklommen, während sie lachten und plapperten. Sie schlugen olympische Rekorde, ohne im geringsten zu ermüden, und fanden das Spiel sehr amüsant.

Der zweite Teil des Programms bestand darin, Herzen toter Massai zu sammeln. Das war nicht weiter schwierig, da dieses Volk toten Körpern keinerlei Bedeutung beimißt und sie bereitwillig abgibt. Die Logistik der Aktion lag in meinen Händen. Ich gab den Gesundheitsbeamten in den Krankenstationen Kajiado, Narok Kilgoris und Kisii das nötige Werkzeug – Sägen und Scheren –, um den Brustkorb zu öffnen, und bezahlte sie für den makabren Job. Auf diese Weise brachten wir fünfzig Herzen zusammen, oder vielmehr neunundvierzig, da eines davon irrtümlich einer Frau entnommen worden war. Die Studie war auf Männer beschränkt; die Ärmsten sind anfälliger für Herzkrankheiten als wir. Dann brachte ich die Organe in formalingefüllten Metallbehältern unter, verpackte alles gut und schickte es an »Professor Mann, Universität von Nashville, USA«. Damit es keine Probleme mit dem Zoll gab, schrieb ich auf den Schein: »Persönliches Eigentum, gebraucht« – und das war ja schließlich auch die reine Wahrheit.

George Mann fand wahrhaft stählerne Organe mit unglaublichen Herzkranzgefäßen vor, denen die Arterienverkalkung nichts hatte anhaben können. Die viele Bewegung und die ständigen Wanderungen der Massai-Krieger glichen ihre Ernährungsmängel weitgehend aus. Ich glaube, daß diese Art von Training, die in Amerika auf großes Interesse stieß, viel zur Entstehung der Jogging-Welle beigetragen hat.

Wegen der vielen Fliegen findet man bei den Massai allerdings häufig Trachome. Sie leben mit ihren Tieren; ihre Hütten sind voller Kuhmist, klein und schlecht belüftet, was auch Atemwegserkrankungen begünstigt. Unter den Infektionen macht ihnen die Gonorrhöe am meisten zu schaffen, die zu Unfruchtbarkeit führt: ein furchtbares Unglück für Menschen, denen Kinder gleichzeitig Lebensinhalt und Versicherung für das Alter sind. Hier konnten wir ansetzen: Die ersten Frauen, die wir heilten und die endlich Kinder bekommen konnten, haben die anderen bald von der Wirksamkeit unserer Behandlung überzeugt.

In dreißig Jahren und Tausenden Flugstunden hatten die fliegenden Ärzte der AMREF nur wenige Unfälle. Glück, Umsicht, Können? Sicher eine Mischung aus allen dreien. Jedenfalls bestätigt diese Tatsache eine Überzeugung, die grundlegend für unsere Arbeit ist: Das Flugzeug ist sicherer als die Straße, vor allem in Kenia.

Einen einzigen Todesfall hat es gegeben – und damit natürlich einen zuviel. Am 14. April 1973 erhielt Michael Wood in Ol Molog einen Funkspruch von der Zentrale. Eines unserer Flugzeuge hätte am Vortag in Dodoma im östlichen Zentral-Tansania landen sollen, war aber nie dort angekommen. Zuletzt hatte es sich von Dosidosi aus gemeldet, einer Ansiedlung in der südöstlichen Massai-Steppe. Von da aus war die Maschine in Richtung Osten nach Kijungu gestartet, hatte den Ort aber nicht erreicht.

Der Pilot war ein junger weißer Kenianer namens Miles Burton. Er flog eine einmotorige Cessna 206, die gerade erst bei der Vertragswerkstatt in Nairobi durchgecheckt worden war; wir hatten damals noch keine eigenen Wartungshallen.

An jenem Tag hatte ich auf dem Rückweg von Moshi bei den Woods in Ol Molog Station gemacht. Wir waren sehr beunruhigt und hatten keine Ahnung, was in dieser völlig verlassenen Gegend passiert sein mochte; der Pilot konnte verletzt oder irgendwo im Busch notgelandet sein. Wir nahmen Kontakt zum Flughafen am Kilimandscharo auf, wo man uns auch nicht weiterhelfen konnte, und alarmierten dann die Polizei, die eine Fahndung einleitete und uns einige Stunden später zurückrief:

»Wir haben eine Meldung von der Station in Kibaya. Einige Massai sagen, sie hätten nicht weit von einer *Manyatta* ein Flugzeug abstürzen sehen.«

Es handelte sich zweifellos um unsere Maschine. Bei Anbruch des nächsten Tages starteten wir von Ol Molog aus nach dem 250 Kilometer weiter südlich gelegenen Kibaya, wo uns die Polizei einen Landrover zur Verfügung stellte, und machten uns dann mit den Massai, die die Unfallstelle kannten, auf den Weg.

Zunächst war die Piste einigermaßen befahrbar, dann stießen wir auf Bäume und Buschwerk, das wir mit Panga-Messern abhauen mußten. Die Nacht brach herein, während wir nur langsam vorwärtskamen.

Das Flugzeug mußte am Donnerstag niedergegangen sein, wir waren am Freitag verständigt worden, und nun war es Samstagabend. Wir zwangen uns, ein wenig Hoffnung zu bewahren, aber diese Hoffnung war sehr gering. Schließlich ließen wir das Fahrzeug stehen und gingen zu Fuß weiter. Nach einer Stunde gelangten wir endlich zur *Manyatta*, wo uns die Leute aus dem Dorf die letzten Illusionen raubten:

»Wir haben das Flugzeug gefunden. Es ist etwa zwanzig Minuten von hier. Aber es lohnt sich jetzt nicht mehr, hinzugehen. Es ist verbrannt, der Pilot auch. Er ist tot.«

Die Nacht verbrachten wir auf dem Erdboden; dann brachen wir in der Dämmerung wieder auf und krochen durch einen Tunnel, den die Massai durch das Dickicht gehauen hatten, ein dichtes, undurchdringliches Gestrüpp, über dem Schirmakazien aufragten. Inmitten dieses Pflanzengewirrs lag die Cessna; der gesamte vordere Teil war verkohlt, der hintere beinahe unbeschädigt. Wir fanden auch die Bücher, die Miles Burton mitgenommen hatte. Von ihm selbst war nur noch der Oberkörper übrig.

Nach dem Unglück hatten die Massai eine ständige Wache bei dem Wrack postiert, damit sich keine wilden Tiere über Miles' Leiche hermachten. Ihren Berichten zufolge war das Flugzeug in der Luft explodiert und dann abgestürzt. Wäre der Pilot bei Bewußtsein gewesen, hätte er vielleicht versuchen können, auf dem flachen Blätterdach aus Akazienwipfeln zu landen, das den Aufprall ein wenig gemildert hätte.

Uns blieb nur, nach Kibaya zurückzukehren und nach Hause zu fliegen. Wir faßten nichts an, bevor die Polizei und die zivile Luftfahrtbehörde ihre offizielle Untersuchung abgeschlossen hatten, was mehrere Tage in Anspruch nahm. Anschließend kam ich zurück, um die Leiche zu holen und nach Nairobi heimzubringen. Die Massai bauten eine Bahre und halfen mir, die sterblichen

Überreste zum Landrover zu transportieren. Was von dem großen Burschen, den wir gekannt hatten, übrig war, fand Platz im kleinen vorderen Stauraum meiner Piper.

Das Untersuchungsergebnis bestätigte die Beobachtungen der Massai: Das Rohr, durch welches das Benzin zum Ansaugkrümmer gelangt, wies zwei Risse auf: einen kleinen, alten und einen größeren, neuen, der den Bruch der Leitung verursacht hatte. Miles Burton war offenbar bereits beunruhigt gewesen und hatte sich beklagt, daß die Cessna nicht richtig laufe; der Motor hatte sogar nach der Inspektion noch häufig Aussetzer gehabt. Die Mechaniker aber hatten jene Risse in der Leitung nicht entdeckt, durch die der Benzinzufluß unterbrochen wurde. Somit konnten wir rekonstruieren, wie sich das Unglück abgespielt hatte: Am Donnerstag dem 13. um zehn Uhr morgens war Burton auf dem Flugplatz von Dosidosi gelandet und wieder gestartet. Die Startpiste ist in miserablem Zustand und sehr holprig. Durch die Erschütterung brach das Saugrohr, und der Motor begann zu stottern. Der Pilot vermutete ein Problem mit der Benzinpumpe und setzte die elektrische Notpumpe in Gang; dadurch floß mehr Benzin, das durch den Motor in die glühendheißen Auspuffleitungen gelangte. Es kam zur Explosion, Cockpit und Pilot gingen augenblicklich in Flammen auf.

Zum Dank für ihre Hilfe schenkten wir den Massai drei Kühe. Sie hatten sich vom Anfang bis zum Ende dieser Tragödie bewundernswert verhalten. Ohne sie hätten wir weder das Wrack noch die Leiche des armen Miles jemals wiedergefunden.

Ärzte, Freunde oder Journalisten, die zum erstenmal mit mir fliegen, stellen mir früher oder später immer die Frage: »Aber sagen Sie, Anne, hatten Sie bei all Ihren Einsätzen an diesen unglaublichen Orten niemals einen Unfall?«
Ich bin überzeugt, die meisten Leuten wissen heute immer noch nicht genau, wie sich ein Flugzeug überhaupt in der Luft halten kann. Mir scheint, sie haben das mehr oder minder unbewußte Gefühl, eine Maschine, die schwerer als Luft ist, müsse, ihrem unausweichlichen Los folgend, bei der nächsten Gelegenheit unsanft zur Erde zurückkehren. Vergeblich, ihnen Vergleichsstatistiken über alle möglichen Transportmittel zu präsentieren, in denen die Luftfahrt überwiegend gut abschneidet. Vergeblich argumentiert man, daß ein Flugzeug, wenn der Motor streikt, im Gleitflug noch eine Distanz überwinden kann, die dem Zehnfachen seiner Flughöhe entspricht, wodurch man vor allem in der Wüste noch eine gute Chance hat, ohne allzu großen Schaden zu landen. Daraus folgt: Je höher ein Flugzeug fliegt, um so sicherer ist es. Für ein Schiff ist die Küste die größte Gefahr, für ein Flugzeug der Boden.
Wenn ich in fünfzig Metern Höhe über das Dach eines Hauses fliege, hält man mich für eine Bruchpilotin, aber dieselben Personen, die darüber entsetzt sind, rasen, ohne mit der Wimper zu zucken, mit einem Meter Abstand an einem entgegenkommenden Auto vorbei. Wenn jedes der Fahrzeuge 120 Stundenkilometer fährt, beträgt ihre relative Geschwindigkeit 240 Stundenkilometer! Und anders als das Flugzeug hat keines der beiden die Möglichkeit, in den drei Dimensionen des Raumes auszuweichen. Wer also ist hier der Bruchpilot?

Die größte Gefahr für uns sind Tiere, die während der Landung plötzlich aus dem Busch hervorbrechen und über die Piste laufen; nicht nur Wildtiere, sondern auch Kühe oder Schafe, die ihren Hirten entwischt sind. Einmal ist ein Hund gegen das Fahrgestell meines jetzigen Flugzeugs gelaufen; es ist einziehbar und deshalb viel weniger stabil als ein festes. Die Strebe knickte ein, die Tragfläche brach, der Tag war im Eimer. Das Tier war tot, und mir tat es schrecklich leid. Ein andermal stürmte eine Giraffe zwischen den Bäumen hervor; das war in Oloika in der Nähe von Shombole im Rift Valley. Ich war bereits auf dem Boden, und die Maschine rollte noch mit hoher Geschwindigkeit aus. Der Zusammenstoß schien unausweichlich, da mir nicht genügend Platz blieb, um wieder zu starten. Im letzten Moment blieb die Giraffe am Rand des Fluggeländes stehen. Wir blickten einander direkt in die Augen, bis ich an ihr vorbei war; dann wandte sie ihren stolzen Blick ab und kehrte langsam in den Wald zurück.

Und kürzlich lief ein Zebra in eine unserer zweimotorigen Maschinen. Das Tier wurde vom rechten Propeller erfaßt, der dazugehörige Motor war anschließend hinüber. Unser Chefpilot nahm die Sache gelassen:

»Ach, was soll's! Den Motor hätten wir ohnehin auswechseln müssen, der ist nicht mehr gut gelaufen.«

Dann gibt es noch die Geschichte, die Michael Wood von seiner unliebsamen Begegnung mit einem Nashorn erzählte:

»Ich wollte gerade landen, als ich es auf der Piste sah. Ich gab noch einmal Gas und flog mehrmals im Tiefflug über das große Tier hinweg, um es zu verscheuchen, konnte es auch an den Rand des Geländes drängen und machte dann eine kurze Landung. Kaum hatte ich angehalten, trabte das Nashorn in Richtung Flugzeug los, um zu sehen, wer es so rüde gestört hatte. Zum Glück hatte ich den Motor nicht abgestellt: Ich gab Gas, und der Lärm ließ das Tier stillstehen; doch sobald ich Gas wegnahm, setzte es sich wieder in Bewegung. Es kam immer näher, und so beschloß ich, daß Angriff die beste Verteidigung sei: Ich ließ das Flugzeug in seine Richtung rollen. Gerne hätte ich eine Hupe gehabt, aber so etwas wird in Luftfahrzeuge nicht eingebaut. ›Verschwinde, du fettes Vieh‹, brüllte ich, aber meine Stimme wurde vom Motorlärm übertönt. Schließlich aber kehrte es um und stürmte empört über die Piste davon. Erleichtert sah ich, wie das Auto, das mich abholen sollte, eben in einer großen Staubwolke ankam. Ich ließ das Flugzeug stehen und hoffte bloß, daß mein Gegenspieler nicht zurückkommen werde, um es näher zu untersuchen.«

Trotz solch kleiner Unannehmlichkeiten war es eine glückliche Zeit, als die Nashörner noch nicht fast zur Gänze abgeschlachtet waren. Heute sind sie kaum mehr anzutreffen, außer einigen Exemplaren in Tierparks, die man aus weniger leergejagten Ländern als Kenia eingeführt hat und die von bewaffneten Leibwächtern umgeben sind. Andererseits sind diese prähistorischen Panzer selbst nicht ganz ungefährlich: Sie können mit ihrem Horn ohne weiteres das Blech eines Flugzeugs oder eines Touristen-Kleinbusses durchstoßen.

Auch kleinere Tiere können einem Flugzeug gefährlich

werden. Wildschweine, Ameisenbären, Termiten und Ameisen graben tiefe Löcher, die im hohen Gras schwer zu entdecken sind. Das habe ich eines Tages erfahren, als ich in Mkunumbi, in der Nähe von Lamu, langsam zum Startplatz rollte. Das vordere Fahrwerk grub sich ein und versank förmlich, bis der Propeller die Erde pflügte. Selbst die Leute, die das Gelände instand hielten, hatten nicht geahnt, daß es an dieser Stelle eine tiefe Höhle gab.

Solche Mißgeschicke sind harmlos, wenn sie ohne Verletzungen oder tödliche Unfälle abgehen. Schlimmer wird es, wenn sie einen dringend notwendigen Eingriff verzögern. Das kostet eine Organisation wie die unsere, die nur begrenzte Eigenmittel und Kredite zur Verfügung hat, viel Zeit und Geld. Darum bestehen wir immer wieder darauf, daß die Verantwortlichen die Pisten regelmäßig inspizieren, das Gras mähen und Hindernisse entfernen. Das ist nicht immer ganz einfach: Die Afrikaner haben viele Tugenden, aber wenig Neigung zu Vorsorgemaßnahmen oder regelmäßiger Arbeit. Und schließlich sind Flugzeuge für sie nichts Neues mehr: Sie haben schon so viele unproblematische Landungen miterlebt, daß sie nicht immer die Notwendigkeit einsehen, sich weiterhin anzustrengen. Dagegen sind sie außerordentlich tüchtig und ausdauernd bei der Arbeit, wenn es darum geht, eine einmalige Herausforderung anzunehmen. Neunhundert Männer schafften es zum Beispiel an einem einzigen Tag, mitten im Busch tausend Meter Landebahn anzulegen.

In dieser Beziehung ist der Funk für uns sehr hilfreich. Wir starten nie, ohne uns vorher über Kurzwelle zu versichern, daß die Piste am Zielort kontrolliert wurde und zum Landen geeignet ist.

Manchmal ist es allerdings nicht die Maschine, sondern der Mensch, der Materialfehler aufweist. Es geschah vor einigen Monaten, als ich die Sprechstunde in Kiwayuu beendete, einer kleinen Insel an der Grenze zu Somalia. Es war später Nachmittag, ich hatte lange auf einem niedrigen Schemel gesessen und wollte mit einem Ruck aufstehen. Da spürte ich einen fürchterlichen Schmerz im rechten Knie: Ich hatte mir den Meniskus eingerissen. Das rechte Bein konnte nicht mehr belastet werden, das Gehen war eine Qual.

Der Zeitpunkt war äußerst ungünstig, da ich unbedingt vor Einbruch der Nacht nach Lamu zurückkehren sollte. Dazu mußte ich Kiwayuu mit dem Boot verlassen und das Fluggelände von Mkokoni erreichen, wo meine Maschine auf mich wartete. Mit Hilfe meines Pflegers Ali aus Lamu, an dem ich mich, so gut es ging, festklammerte, gelangte ich über das felsige Ufer zum Boot hinunter. Dann humpelte ich zum Jeep, der mich bis ans Flugzeug brachte. Aber das größte Problem lag noch vor mir: Wie sollte ich mit nur einem gesunden Bein fliegen? Im Flugzeug betätigt man mit den Füßen über zwei Pedale den Seitensteuerhebel, mit dem man nach rechts oder links steuern kann. Im Flug ist dieser Steuermechanismus nicht unbedingt notwendig, da man auch einfach den Steuerknüppel benutzen kann, am Boden jedoch wirkt der Seitensteuerhebel auf das vordere Rad, und es gibt keine Alternative. Zum Starten und Landen brauchte ich also einen Ersatzfuß.

Ich ließ mich zu meinem Sitz tragen und ernannte Ali zum Kopiloten. Alle Flugzeuge, selbst die kleinsten, haben eine doppelte Steuerung, und da er es seit Jahren gewohnt war, mit mir zu fliegen, war Ali damit bereits vertraut. Wir kamen schnell auf eine den Umständen angepaßte Methode: »Du stellst deinen Fuß auf das rechte Pedal, ich übernehme das linke. Wenn wir am Boden nach rechts fahren wollen, drückst du das Pedal, sobald ich es dir sage. In Ordnung?«

Es war ungewohnt, zu zweit zu steuern, aber es klappte gut. Mein Pfleger schwankte zwischen Angst und Belustigung, reagierte jedoch perfekt auf meine Anweisungen: »Drücken, stärker, loslassen, wieder drücken, bleib so. Okay, laß los!«

Während wir zur Startbahn rollten, hatte er genügend Zeit, den Ablauf zu üben. Dann stellte ich die Maschine in Position, gab Vollgas, und los ging es. Ali stieß einen kleinen Seufzer aus und schaute mich glückstrahlend an, als die Räder vom Boden abhoben und wir über dem Meer aufstiegen. Das Manöver hatte mich so in Anspruch genommen, daß ich den Schmerz in meinem Knie ganz vergessen hatte, aber er meldete sich wieder, sobald wir in der Luft waren. An jenem Tag erschien mir die kurze Strecke bis nach Lamu ziemlich lang.

Dieses Erlebnis erinnerte mich an das weitaus dramatischere Abenteuer, das zwei Studenten im Turkanagebiet erlebt hatten. Die beiden jungen Männer, ein Deutscher und ein Kenianer indischer Abstammung, waren mit einem Landrover zu einer Expedition der Universität von Nairobi unterwegs, die sie mit Lebensmitteln versorgen sollten. Auf dem Rückweg lief ihnen eine große Rinderherde über den Weg, und sie hielten an, um die Tiere vorbeizulassen. In diesem Augenblick wurde ein Schuß auf das Fahrzeug abgefeuert. Die Kugel durchschlug die Karosserie und den rechten Arm des Fahrers sowie das linke Bein und den linken Arm des Beifahrers.

Die Angreifer waren *Shiftas*, die den khakifarbenen Wagen für ein Armeefahrzeug gehalten hatten. Als sie merkten, daß sie es nicht mit Soldaten zu tun hatten, kümmerten sie sich nicht weiter um ihre Opfer und machten sich davon.

Trotz ihrer Schmerzen handelten die beiden Verletzten mit großer Umsicht: Anstatt in der Wüste darauf zu warten, daß sie vielleicht gerettet würden, fuhren sie weiter. Einer hielt mit der linken Hand das Lenkrad, der andere wechselte mit der rechten Hand die Gänge. Sie hielten durch bis zur Dienststelle des Bezirksbeamten, der ihnen Erste Hilfe leistete und uns verständigte.

Am nächsten Tag kam ich zusammen mit einem anderen Piloten, um sie abzuholen. Wir landeten in Sigor auf einem verlassenen alten Militärgelände voller Gestrüpp und Termitenhügel und kamen auch wirklich bloß fünfzig Zentimeter vor einem meterhohen Termitenhügel zum Stehen. Die betonharte Säule war im Gebüsch nicht zu sehen gewesen.

Um wieder starten zu können, mußten erst einige Vorkehrungen getroffen werden. Der Bezirksbeamte ließ Männer kommen, welche die dicksten Äste abhauten, und legte dann sein Hemd auf einen Busch, um die Stelle zu kennzeichnen, wo wir starten sollten. Damit wir genau sehen konnten, wo Termitenhügel waren, postierten wir auf jedem von ihnen einen Turkana. Die zwei Verletzten lagen hinten auf einer Matratze, und wir schafften es mit knapper Not.

Nie wissen wir, welche Fallen auf uns warten, welche unvorhersehbaren Hindernisse, gegen die wir im vorhinein nichts ausrichten können.

Kurz nach dem Start von Witu sprach mich ein Passagier vorsichtig an:

»Doktor, da hängt etwas unter dem Flugzeug, ist das nicht gefährlich?«

Tatsächlich war das Fahrwerk an einem Stück Zaundraht hängengeblieben und hatte es mit sich in die Lüfte gerissen. Dieser Draht konnte bei der nächsten Landung ein Rad blockieren oder bereits auf dem Flug eines der Höhenruder verklemmen. Ich setzte den Flug fort, aber an diesem Tag landete ich mit großer Vorsicht und unter vielen Sicherheitsvorkehrungen in Lamu.

Alle Buschpiloten wissen von einer Menge unangenehmer Vorfälle zu berichten; man muß dabei aber auch bedenken, daß auf den etwa hundert Flugplätzen, die wir das ganze Jahr über regelmäßig anfliegen, beinahe immer alles problemlos abläuft. Während der langen Regenzeit im Sommer sind manche Pisten überflutet; deshalb nehme ich meinen Urlaub in dieser Zeit, wenn viele unserer Stationen nicht angeflogen werden können.

Die fliegenden Ärzte sind keine Fliegerasse, und wir sammeln nur wenige Flugstunden, da wir kurze Strecken fliegen; dafür aber starten und landen wir mehrmals pro Tag und kennen unsere Pisten und ihre Tücken perfekt. Unser

Metier unterscheidet sich sehr von dem der anderen Berufspiloten, die sich erst umstellen müssen, wenn sie anfangen, mit uns zu arbeiten.

Bei meinem ersten Auftrag durch die AMREF wurde ich gebeten, Captain Travers mitzunehmen, einen Fluglehrer aus Nakuru, der sein ganzes Leben lang geflogen war und eine astronomische Anzahl Flugstunden – mehr als fünfzigtausend – angehäuft hatte. Sicher befürchteten alle, daß ich Anfängerin mich verirren oder auf unseren behelfsmäßigen Pisten eine Bruchlandung bauen würde. Aber es war der berühmte Captain Travers und nicht ich, der eine Landung verpatzte, von der Piste abkam und das Fahrwerk meines Flugzeugs beschädigte.

Im Gegensatz dazu kommen wir nicht immer so leicht mit den großen Flughäfen zurecht, bei deren komplizierten Prozeduren und ständiger Kontrolle unser Gefühl und unser Improvisationstalent nutzlos sind. So ging es mir zum Beispiel bei meiner ersten Landung in Aden, wo ich Antonin Besse besuchen wollte. Ich hatte in Addis Abeba und dann in Dschibuti Zwischenstopps eingelegt, es war eine meiner ersten großen Reisen, und ich war recht müde. Es war schrecklich heiß, der Flug übers Meer hatte lange gedauert, und ich hatte Kopfschmerzen. Auf dem riesigen Flughafen in Aden herrschte ständiger Verkehr, unaufhörlich starteten und landeten Düsenjets. Der Tower herrschte mich an, ich solle mich einordnen, aber ich schaffte es nicht, über der riesigen Landebahn meine Höhe einzuschätzen, so daß ich zu früh das Gas wegnahm. Die Maschine prallte auf den Boden und machte einen Sprung, der vordere Teil neigte sich, und der Propeller schlug auf dem Boden auf. Er mußte zur Reparatur nach Rhodesien geschickt werden und kam erst zehn Tage später zurück. Dieser Anfängerfehler hat mich nicht viel gekostet, war mir jedoch eine gründliche Lehre. Ein Unfall ist immer die Folge einer Verkettung ungünstiger Umstände. In diesem Fall waren es die Müdigkeit, die mangelnde Konzentration nach dem Anpfiff durch den Fluglotsen und die fehlende Erfahrung mit großen Landebahnen. Seitdem versuche ich immer daran zu denken, daß man vor allem dadurch ein alter Pilot wird, daß man seine Grenzen kennt.

Mein erstes Flugzeug, die Piper Cherokee 235, die ich im Mai 1964 gekauft hatte, behielt ich bis 1970. Ich war sehr angetan von dieser Maschine; sie war die erste, mit ihr hatte ich zu fliegen begonnen und meine unvergeßliche Reise nach Europa unternommen. Aber ich brauchte mehr Leistung beim Start, um bei hohen Temperaturen und schwerer Ladung von kurzen, in großer Höhe gelegenen Pisten starten zu können. Also tauschte ich die Maschine gegen eine Cherokee 6 – Alpha Juliet Echo – aus, die noch ein feststehendes Fahrwerk, aber einen stärkeren Motor und einen Verstellpropeller hatte; und schließlich kaufte ich 1975 Alpha Zulu Tango, eine Cherokee Lance – mein jetziges Flugzeug. Durch das einziehbare Fahrwerk ist diese Maschine viel schneller; trotz ihrer neunzehn Jahre ist sie immer noch wacker bei der Arbeit und wird in unseren eigenen Werkstätten sorgfältig gewartet. Ich habe sie vor allem aus ökonomischen Gründen nicht mehr gegen eine neuere eingetauscht: Seit Beginn der Weltwirtschaftskrise vor zwanzig Jahren sind die Kosten beim Flugzeug-

bau und -vertrieb ebenso deutlich gestiegen wie der Kraftstoffpreis, und schließlich sind seit damals keine besseren Maschinen mehr gebaut worden. Es scheint, daß die technische Entwicklung leichter Flugzeuge zum Stillstand gekommen ist; zumindest, was die Maschinen betrifft, welche für eine Privatperson oder eine Organisation wie die unsere erschwinglich sind.
Dieser Entwicklungsrückstand stellt uns allerdings vor einige Probleme. Die nach veralteten Prinzipien konstruierten Motoren haben einen niedrigen Wirkungsgrad und verbrauchen viel Benzin. Das speziell raffinierte Flugbenzin wird immer teurer und ist immer schwerer zu bekommen. Und Helikopter mit ihrer hochentwickelten Technik und ihren exorbitanten Betriebskosten sind für unsere Arbeit absolut ungeeignet.

So unvollkommen es aber auch sein mag, das Flugzeug bleibt für Afrika ein unersetzliches Werkzeug. Neben meiner täglichen Arbeit hat es mir auch ermöglicht, an einem phantastischen wissenschaftlichen Abenteuer teilzuhaben: der französisch-kenianisch-amerikanischen Omo-Mission. Dieses zwischen 1967 und 1976 durchgeführte paläontologische Forschungsunternehmen am Nordufer des Turkanasees, auf äthiopischem Staatsgebiet, hat den Kenntnisstand über den Ursprung der menschlichen Spezies revolutioniert.
Anfang Juni 1969 nahm ich an einem Empfang teil, der zu Ehren der Mitglieder dieser Expedition in der französischen Botschaft in Nairobi gegeben wurde. Dort traf ich einen alten Bekannten, Christian Zuber, den ich in sehr

jungen Jahren in Mülhausen kennengelernt hatte. Er entstammte wie ich einer Familie aus der Schweiz, die sich im Elsaß niedergelassen hatte. Später traf ich Christian als Schriftsteller, Regisseur und Autor der bekannten Serie »Caméra au poing« wieder. Er kam häufig nach Kenia; manchmal begleitete ich ihn auf seinen Rundreisen, und er war oft in Subukia zu Gast.

Zuber stellte mir Yves Coppens vor, der die Expedition vor Ort leitete. Mit dem Feuer und der Begeisterung, die ihm eigen waren, beschrieb Coppens mir die faszinierende Arbeit, der er und seine Crew sich im Ödland nahe der Mündung des Omo in den Turkanasee widmeten.

Als er mein Interesse sah, schlug er mir vor, doch das Team einmal zu besuchen. Ich nahm die Einladung begeistert an, aber ich mußte die genaue Position des Ausgrabungsorts kennen. Coppens konnte sie mir nicht exakt genug angeben:

»Es ist in der Nähe einer Ansiedlung, die Kalam genannt wird, nahe des Dorfes Duss. Aus Nairobi wird uns aber regelmäßig ein Versorgungsflugzeug anfliegen. Sie können sich beim Piloten erkundigen, er kann Ihnen die Lage des Camps sicher erklären.«

Ich beeilte mich, Kontakt zu diesem jungen Piloten aufzunehmen, der mir auf dem Wilson Airport ab und zu über den Weg lief, da er für Wilken, den Piper-Vertreter in Kenia, arbeitete. Doch der Junge schien mir nicht sehr kooperativ; er gab an, er würde in Kibbish Wells an der äthiopischen Grenze landen. Ich wußte, daß das unmöglich war und daß er mich anlog, ging aber nicht weiter darauf ein. Sicher wollte er nicht, daß ich mich in die

Sache einmischte; sein Chef und er rechneten die Flüge für die Omo-Mission wohl zu überhöhten Preisen ab. Der Gedanke, daß ihnen jemand anderer ins Gehege kam und die Strecke aus reinem Vergnügen flog, mußte ihnen wenig angenehm sein.

Vorsichtshalber traf ich eine Abmachung mit Zuber: Sobald er an Ort und Stelle war, würde er mir einen Brief mit genaueren Angaben schicken. Das tat er dann auch; er schrieb sogar zwei Briefe, die er dem Piloten mitgab, die mich jedoch nie erreichten. Möglicherweise hatte der junge Mann sie verschwinden lassen. Sein Job schien ihm wirklich am Herzen zu liegen! Schließlich schickte mir Christian eine simple Postkarte mit verschlüsseltem Text, die den Piloten nicht mißtrauisch machte, so daß er sie tatsächlich bei mir ablieferte. Eine fatale Unvorsichtigkeit: Diese Karte beschrieb nämlich genau die Flugroute. Nachdem ich den oberen Teil des Turkanasees und die Mündung des Omo überflogen hatte, mußte ich etwa zwanzig Minuten lang dem Fluß in nördlicher Richtung folgen. Am rechten Ufer würde ich das Camp finden.

Von Subukia aus hatte ich ungefähr fünfhundert Kilometer zu überwinden. Das waren theoretisch zweieinhalb Flugstunden; in der Praxis, mit Berücksichtigung einer Sicherheitsreserve, drei Stunden. Dementsprechend füllte ich die Tanks voll und nahm zwei Reservekanister mit Benzin im Laderaum mit. Damit waren Hin- und Rückflug gesichert, falls ich am Zielort kein Benzin bekommen konnte. Daran muß man bei Flügen in Afrika immer denken; es gilt nicht nur dafür zu sorgen, daß man ans Ziel kommt, sondern auch, daß man von dort zurückkehren kann.

Ein Wagen der französischen Expedition holte mich ab, und bald hießen mich Yves Coppens und seine Frau Françoise in ihrem Reich willkommen. Auf einem hochgelegenen Plateau waren große Zelte aufgestellt, welche Platz für die Mitglieder der Expedition, ein Labor, einen Gemeinschaftsraum und eine Küche boten.

Alles war perfekt organisiert. Das Wasser aus dem Fluß wurde von einer Maschine aufbereitet, dickflüssiges, schlammiges Wasser von rötlicher Farbe, das in Zweihundert-Liter-Fässern stehen gelassen wurde; dann versetzte man es mit etwas Alaun, damit sich die Schwebstoffe absetzten, und leitete es durch eine Reihe von Filtern. Die Frage der Wasserversorgung, ein Hauptproblem in so abgeschiedenen Gegenden, war perfekt gelöst worden – ein gutes Zeichen auch für die übrige Organisation.

Es war eine schwierige Aufgabe, jedes Jahr von Juni bis September an einem der abgelegensten Orte Afrikas für etwa fünfzig Personen anständige Lebensbedingungen zu gewährleisten. Zu den wissenschaftlichen Crews kamen Mitarbeiter aus Äthiopien und Kenia, Beamte, Polizisten … von den Besuchern gar nicht zu reden. Françoise Coppens überwachte erfolgreich den Betrieb und die Versorgung des Camps. Das Essen war gut, es gab einen ausgezeichneten Wein, und die Mannschaft war sympathisch und fröhlich und bildete sichtlich eine eingeschworene Gemeinschaft. Die Arbeit war jedoch hart: Schon im Morgengrauen brachen die Forscher und ihre Helfer zur Ausgrabungsstätte auf. Mittags kamen sie zum Essen zurück und waren dann wieder den ganzen Nachmittag über in der größten Hitze tätig, um erst gegen achtzehn Uhr, wenn es bereits dunkel war, zurückzukehren. Die kurzen Tage und die sehr beschränkte Grabungsdauer mußten optimal ausgenutzt werden.

Die Sedimentschichten, in denen Ausgrabungen stattfanden, bildeten unterhalb des Plateaus eine tausend Meter hohe Abbruchkante bis hinunter zum Fluß. Dieser geologische Unfall hatte uralte fossilhaltige Schichten zutage gebracht, als habe man ein Blätterteiggebäck schräg durchgeschnitten. Coppens verglich dieses Phänomen mit einem Buch, das man in der Hand biegt, um es durchzublättern, und in dem man sich nach Belieben Millionen Jahre der Erdgeschichte ansehen könne. Diese treppenstufenartigen Schichten boten von oben einen sehr faszinierenden Anblick, weiß, rot, schwarz und grau, wie ein abstraktes Gemälde.

Schon vor ziemlich langer Zeit hatten Wissenschaftler dieser Flußniederung am Omo und dem dort zum Vorschein kommenden Fossilienreichtum große Bedeutung beigemessen. Abends erzählte mir Yves Coppens beim Schein des Lagerfeuers die Geschichte jenes Vicomte Du Bourg de Bozas, der sich – anscheinend aus Liebeskummer – aufgemacht hatte, um Afrika vom Roten Meer bis zum Atlantik zu durchqueren. Er startete 1901 von Dschibuti und erreichte im Frühjahr 1902 die Omo-Region. Als Begleiter hatte er einen Naturforscher bei sich, Dr. Brumpt, der eine erste Bestandsaufnahme von Säugetierknochen, Überresten von Fischen, Zähnen und Elfenbeinfragmenten machte und verblüfft war, eine wahre geologische Goldgrube unter freiem Himmel anzutreffen.

Du Bourg de Bozas konnte seine Reise nicht zu Ende

führen; er starb einige Monate später am Ufer des Ubangi an Malaria. Brumpt brachte die Proben vom Omo nach Frankreich, wo sich die Experten begeistert darauf stürzten, bis Camille Arambourg Vorbereitungen für eine neue Expedition traf. Von 1932 bis 1933 sammelte er innerhalb von acht Monaten an dem von Brumpt bezeichneten Fundort vier Tonnen Fossilien, die er mehrere Jahre lang untersuchte. Unter seinen Fundstücken fanden sich keine menschlichen Überreste. Die Angelegenheit wäre im stillen Kämmerlein der Forscher geblieben, hätten nicht die Entdeckungen des Paläontologen Louis Leakey in Kenia und Tansania enormes Aufsehen erregt: Er fand versteinerte Knochen von Hominiden, die sehr viel älter waren als alles, was man bis dahin gekannt hatte.

Bei einem offiziellen Besuch in Nairobi zeigte sich Kaiser Haile Selassie 1966 erstaunt darüber, daß sein Land, das doch in so geringer Entfernung lag, nicht ebenfalls solche berühmten Urahnen hervorgebracht haben sollte. Es ist bekannt, daß der Negus sehr darauf bedacht war, die Ursprünglichkeit und Größe seines Volkes hervorzuheben. Dr. Leakey ließ sich das nicht zweimal sagen: Er antwortete, daß die Fundorte am Omo große Ähnlichkeit mit denen von Olduvai in Tansania hätten, wo er den Hauptteil seiner Entdeckungen gemacht hatte. Es sei wahrscheinlich, daß man bei gründlicheren Ausgrabungen auch dort Vorfahren des Menschen entdecken würde.

Dieses Argument beeindruckte den Negus, und er bat den Doktor, eine internationale Expedition zusammenzustellen. Alles lief wie am Schnürchen, und bereits 1967 waren die Wissenschaftler an Ort und Stelle. Den französischen Teil der Expedition leiteten Camille Arambourg, der die Örtlichkeiten bereits gut kannte, und Yves Coppens, den der alte Professor als seinen Schüler betrachtete und dem er sein wissenschaftliches Erbe übergeben wollte. Beide waren zusammen durch Algerien gereist, Coppens hatte zuvor im Tschad Forschungen betrieben; die französische Mannschaft war folglich in den Händen von Experten.

Die kenianische Abteilung stand unter nicht weniger berühmter Leitung: Sie wurde von Louis Leakey geführt, dem der neue Aufschwung der Paläontologie zu verdanken war, und seinem Sohn Richard, der mit Freuden in die Fußstapfen seines Vaters trat. Professor Francis Clark Howell leitete die amerikanische Gruppe, die sich in der Nähe der Franzosen niedergelassen hatte. Der kleine Flugplatz gehörte beiden Camps gemeinsam. Es gab natürlich einige Rivalität und großes Wetteifern zwischen den Gruppen, doch es herrschte ein herzliches Verhältnis, und man half sich gerne gegenseitig aus. Die wie immer hervorragend ausgerüsteten Amerikaner stellten den Franzosen ihre leistungsfähige Funkstation zur Verfügung, über die man Verbindung nach Addis Abeba und Nairobi bekam.

Die Kenianer hatten beschlossen, ihre Ausgrabungen weiter abseits durchzuführen. Vielleicht erschien ihnen die Stelle nicht sehr vielversprechend, oder vielleicht arbeiteten sie lieber für sich? Bereits 1968, im zweiten Jahr, gaben sie ihr Camp auf und konzentrierten ihre Forschungen auf das Ufer des Turkanasees in Koobi Fora. Eine kluge Entscheidung: Die Leakeys machten dort sehr bald bedeutende Entdeckungen; insbesondere fanden sie Überreste des Homo habilis, die etwa zweieinhalb Millionen Jahre alt waren.

Yves Coppens ist heute zu berühmt, als daß ich noch viele Worte über sein Fachwissen und sein Charisma verlieren müßte. An der Ausgrabungsstätte am Omo war ich besonders beeindruckt von seinen Fähigkeiten als Organisator und Leiter. Er achtete auf jedes kleinste Detail und war ständig um die Sicherheit seiner Leute besorgt.

Eines Abends war eines der Fahrzeuge nicht zurückgekommen. Jede Gruppe war mit einem kleinen Funkgerät ausgestattet, aber niemand hatte das Camp angefunkt oder geantwortet. Coppens beschloß, an Ort und Stelle nachzusehen, und ich bat, ihn begleiten zu dürfen. Wir bewegten uns mühselig über eine bucklige Piste, die in aller Eile angelegt worden war und in ständigem Zickzack durch die geologischen Schichten führte; hier konnte ein Fahrzeug sicher leicht von der Straße abkommen und umstürzen. Yves hatte immer Angst vor einem Unfall. Oft sagte er:

»Alle gesund und munter wieder nach Hause zu bringen ist wichtiger als die Forschungsergebnisse.«

Auf halbem Wege begegneten wir der fehlenden Gruppe: Die Leute waren länger an der Ausgrabungsstelle geblieben und hatten nicht daran gedacht, ihr Funkgerät einzuschalten. Ich hatte stark den Eindruck, daß Coppens vor Erleichterung alles andere vergaß.

Christian Zuber filmte wie besessen alles, was sich bewegte. Bei der überreichen Tierwelt an den Ufern des Stroms fehlte es nicht an Motiven. Gegen Abend ließen sich Schwärme kleiner Vögel – Koleas – auf den Feldern nieder, um Saatkörner zu fressen. Sie waren so zahlreich, daß sie die Sonne verdunkelten. Erst bei Tagesanbruch flogen sie wieder weg. Die Bauern standen Wache und gebärdeten sich wie wild, um sie zu vertreiben, aber sie hatten nicht viel Erfolg.

Der Omo ist krokodilverseucht. Kein Mensch wäre auf den Gedanken gekommen, darin zu baden – bis auf einige leichtsinnige oder ungläubige Amerikaner: Einer von ihnen wurde denn auch von einem Krokodil geschnappt und war verschwunden. Als Fischer aus der Gegend das Tier töteten, fanden sie in seinem Inneren Teile eines Arms und eines Beins.

Es gab auch noch andere Gefahren. Als Françoise Coppens eines Morgens aus ihrem Zelt kam, um sich die Zähne zu putzen, hatte sie plötzlich eine Kobra vor sich. Das Tier war durch einen kleinen Hasen dorthin gelockt worden, den sie zum Geschenk erhalten hatte. Die Schlange floh zwischen die Felsen, und Zuber verfolgte sie, um sie zu filmen. Als er ihr näherkam, spritzte die Kobra zwei Giftstrahlen auf ihn ab, die ihn in die Augen trafen. Er hatte schreckliche Schmerzen und konnte mehrere Tage lang nichts sehen. Vor allem aber war er wütend, weil er als Fachmann vergessen hatte, daß es unter den sieben oder acht Kobraarten eine gibt, die Gift spritzt.

Bei seinen ersten Ausgrabungen 1932 hatte Camille Arambourg keine Überreste von Hominiden gefunden, aber als er nach so vielen Jahren an diesen Ort zurückkehrte, war er immer noch zuversichtlich. Es herrschte ein harter Wettbewerb zwischen den drei wissenschaftlichen Expeditionen, da jede hoffte, als erste Überreste menschlicher

Vorfahren auszugraben. Der Professor ermutigte Coppens:
»Sie sind der Glückspilz. Sie werden den Fund machen.«
So geschah es auch, und zwar in der ersten Saison. Am 7. Juli 1967 kam Coppens mit zwei Teilen eines Unterkiefers zum Camp zurück, die er gerade ausgegraben hatte.
»Ich zeigte sie Professor Arambourg, der sie in Ruhe untersuchte. Dann setzte er sie zusammen und murmelte: ›Primaten.‹ Einen Augenblick später fügte er hinzu: ›Anthropomorph.‹ Dann rief er mit leuchtenden Augen: ›Australopithecus!‹ Es muß der intensivste Moment seines Lebens gewesen sein. Fünfunddreißig Jahre lang hatte er darauf gewartet.«
Als ich ihn traf, war Arambourg zum drittenmal bei der Ausgrabung. Trotz seines hohen Alters und seiner körperlichen Schwäche war er immer noch von derselben Begeisterung erfüllt. Er liebte es, mit dem Helikopter aufzusteigen und über die Gesteinsschichten zu fliegen, und obwohl das Gelände schwierig war, war er nicht davon abzuhalten, bei der Ausgrabung mitzuarbeiten. Er war ein ebenso würdevoller wie warmherziger Mann, der mich sehr an meinen Vater erinnerte. Sein Lebensmut war um so bemerkenswerter, als er bereits sehr krank war: Kurz nach seiner Rückkehr nach Frankreich starb er im Alter von zweiundachtzig Jahren. Für die folgenden sieben Jahre übernahm Yves Coppens allein die Verantwortung für das Projekt am Omo.
Bis 1972 bin ich in jedem Sommer viele Male zu Besuch bei meinen Freunden am Omo gewesen. Ich brachte ihnen Gemüse aus meinem Garten mit, eine Bereicherung

des Speiseplans, die Françoise besonders zu schätzen wußte. Wenn ich Coppens etwas aus Nairobi beschaffen sollte, gab er mir über die Funkstation der Amerikaner Bescheid.

Auf meiner zweiten Reise nahm ich einen jungen Piloten mit, der auf Gelegenheiten aus war, seine Flugstundenzahl zu erhöhen. Ich zeigte ihm die Strecke und ließ ihn sich an die Landepiste gewöhnen, die nicht besonders gut war; oft herrschte dort scheußlicher Seitenwind. Danach konnte der junge Mann, wenn ich zu beschäftigt oder in Frankreich im Urlaub war, mein Flugzeug nehmen und zur Expedition fliegen, wann immer man seine Dienste benötigte. Der Pilot von Wilken flog übrigens weiterhin seine Route, vielleicht nicht ganz so häufig, wie er es sich gewünscht hätte, aber ich habe ihm nicht die Butter vom Brot gestohlen.

Im September sollte ich einmal nach Kalam fliegen, wo ein Landrover-Motor zu reparieren war, und anschließend einige Wissenschaftler zum Stephaniesee fliegen, wo man älteres Sedimentgestein zu finden hoffte als am Omo. Mein Flugzeug war beinahe überladen, denn ich hatte vier Passagiere: meinen Neffen, einen Mechaniker und die beiden Forscher. Dazu kamen ein Werkzeugkasten, ein Zylinderkopf und Benzinkanister. Zum Glück hatte ich damals mit »Alpha Juliet Echo« einen regelrechten fliegenden Kran. Für den Start brauchten wir trotzdem sehr lange: Ganz langsam und bedächtig schraubten wir uns in die Luft und folgten dann dem Rift Valley. Mit einem solchen Gewicht war nicht daran zu denken, große Höhe zu gewinnen.

Nach dreieinhalb Stunden erreichten wir glücklich Kalam,

den kleinen Ort, der dem Camp am nächsten lag und der eine große Rollbahn besaß, auf der auch DC3-Maschinen landen konnten. Das Fluggelände befand sich in der Nähe einer protestantischen Mission, die von Pfarrer Swart, einem amerikanischen Baptistenprediger, geleitet wurde. Wir reparierten den Landrover, und ich flog mit meinen beiden Forschern über den Stephaniesee, der sie nicht so recht zu überzeugen schien; dann kam ich zurück, um bei den Swarts zu übernachten.

Die beiden waren Menschen von einem ganz besonderen Schlag. Er war ein ausgezeichneter Mechaniker mit einer sehr gut ausgestatteten Werkstatt, der oft die Fahrzeuge der Expedition reparierte. Seine Frau und er hatten mit äußerst bescheidenen Mitteln eine Schule, ein Krankenhaus und eine Kirche aufgebaut. Bevor sie sich in Kalam niederließen, hatten sie bereits im Sudan bewundernswerte Arbeit geleistet, bis sie das Land verlassen mußten. Auch in Äthiopien hatten sie kein Glück: Nach dem Sturz des Negus im Jahr 1974 hatten sie binnen kürzester Zeit das Feld räumen müssen. Sie flüchteten nach Ileret, eine meiner Zwischenstationen am Turkanasee, bauten ein neues Haus und begannen von neuem mit ihrer missionarischen Arbeit. Viele ihrer Freunde aus Äthiopien besuchten sie von Kalam aus, das nur einen Tagesmarsch entfernt liegt.

Nach einigen Monaten nahmen die Beamten in Mengistu daran Anstoß und beklagten sich bei der kenianischen Regierung. Überbesorgt um ihre guten Beziehungen zum inzwischen kommunistischen Äthiopien, forderte diese die Swarts auf, woanders zu evangelisieren, und zwar möglichst weit entfernt von der Grenze. Sie mußten der Anordnung Folge leisten und lebten einige Zeit in einem anderen Teil Kenias; dann kehrten sie in die Vereinigten Staaten zurück. Traurig, daß Afrika Leute mit solchen Qualitäten fortschickte, deren Feinde ihnen nichts vorzuwerfen hatten, als daß sie Amerikaner waren.

Ich muß gestehen, daß ich für die französische Forschungsmission am Omo als Verbindungsperson und Transporteurin von größerem Nutzen war als auf medizinischem Gebiet. In dieser Hinsicht hatte man wirklich nicht gerade auf mich gewartet: Da arbeitete ein Heer von Ärzten, lauter Spezialisten, einer bedeutender als der andere. Parasitologen, Epidemiologen und Virologen, die jahrelang Insekten und andere Tiere studierten und von der eingeborenen Bevölkerung Blutproben nahmen. Sie fanden ein wunderbares Forschungsfeld vor, eine abgeschlossene, ursprünglich gebliebene Welt, die durch ihre Abgeschiedenheit allen äußeren Einflüssen entzogen war. Coppens hatte den Wunsch gehabt, daß auch andere Disziplinen als die ursprünglich betroffene Paläontologie von den so großzügig zur Verfügung gestellten Mitteln und der guten Infrastruktur profitieren sollten. So gesellten sich zu den Paläontologen, den Geologen und den Prähistorikern auch Mediziner, Entomologen, Ethnologen und Spezialisten für Pollen, die auf den schönen Namen Palynologen hören.

Wenn die ganze illustre Gesellschaft im Gemeinschaftsraum zusammenkam, hatten die Unterhaltungen ein ziemlich gehobenes Niveau. Ich habe bei diesen Treffen viel gelernt und nicht alles behalten. Auf dem Gebiet, das mich angeht, weiß ich noch, daß sie im Blut eines Nagetiers ein neues Hämatozoon entdeckt hatten, eine Zwischenform zwischen dem Erreger der Piroplasmose (einer malariaartigen Rinderkrankheit) und der Malaria. Es wird heute in zahlreichen Labors untersucht; man hofft, daraus einen Impfstoff zu gewinnen.

Die Wissenschaftler hatten auch eine neue Flohart gefunden, die sie sogleich auf den Namen »Xenopsylla coppensis« tauften. Yves Coppens behauptet gern im Scherz, er werde heute noch von Kollegen gefragt, ob er selbst wohl auch diese Flöhe habe.

Im Camp selbst hatte ich mit keinerlei gesundheitlichen Problemen zu tun. Dank der guten Organisation und der Wasserqualität waren die hygienischen Zustände tadellos. Ich mußte nur über die sorgfältige Befolgung der Vorsorgemaßnahmen gegen Malaria wachen, die in dieser Region ein sehr ernstes Problem ist.

Bei der einheimischen Bevölkerung am Omo stieß ich dagegen häufig auf die schrecklichen Echinokokkuszysten. Außerdem konnte ich bei diesen Stämmen, die auch Bumi oder Nyangatom genannt werden und in sehr primitiver Weise in einer unwirtlichen Umgebung leben, ein interessantes Phänomen beobachten. Einige unter ihnen haben sich der Landwirtschaft zugewandt und sich in den Dörfern am Flußufer angesiedelt, andere sind weit fort in die Wüste gezogen und leben dort als Nomaden mit ihrem Vieh. Nun haben diese Menschen, obwohl sie derselben Familie entstammen, nahe Verwandte oder manchmal sogar Brüder und Schwestern sind, völlig unterschiedliche Krankheitsbilder, je nachdem, welcher Gruppe sie angehören. Zudem leiden die Kinder der Ackerbauern, die Moorhirse und Mais zu essen bekommen, oft unter Mangelernährung, während es den Kindern der Nomaden dank der Schafs- und Kuhmilch viel besser geht. Wie ich bereits in Kenia hatte feststellen können, haben die Nomadenhirten, entgegen einer weitverbreiteten Ansicht, bessere Überlebenschancen als die seßhaften Bauern.

Bei jeder neuen Reise lernte ich in dem Maße, wie die Ausgrabungen fortschritten, eine neue Folge des wunderbaren Romans kennen, in dem die Forscher unter unseren Füßen lasen. Schritt für Schritt entzifferten sie die Zeichen in diesem großen Buch, das Erdstöße am Rande des Ostafrikanischen Grabens aufgeschlagen hatten. Ein tausend Meter dickes Buch, das Seite um Seite, Schicht für Schicht, vier Millionen Jahre Erdgeschichte erzählt.

Die genaue Datierung der Kapitel mittels Radiometrie wird durch die dazwischen lagernde Vulkanasche ermöglicht. Sie stammt von den zahlreichen Ausbrüchen, welche die Vergangenheit des Rift Valley kennzeichneten. Die in den Sedimentschichten erhaltenen Fossilien von Tieren, Pollen und Pflanzen zeichnen ein umfassendes Bild vom Zustand der Natur. Je nach Epoche sieht man, wie tierische oder pflanzliche Spezies auftauchten, sich entwickelten oder verschwanden.

Der Mensch – in der Form des Australopithecus – ist seit drei Millionen und fünfhunderttausend Jahren vertreten. Werkzeuge aus behauenem Stein aus seiner Umgebung bezeugen, daß es sich tatsächlich um prähistorische Menschen handelt – die ältesten, die jemals entdeckt wurden. Dank der Ausgrabungen am Omo und am Turkanasee haben Coppens, Leakey und ihre Forschungsmannschaften die menschliche Spezies mit einem Schlag viel älter gemacht. Der Wecker hat für die Menschheit eine Million Jahre früher geklingelt, als man angenommen hatte.

Ich sehe dieses Rift Valley, in dem ich seit fünfundvierzig Jahren lebe, heute mit anderen Augen. Die Landschaft allein ist hier überwältigend genug, aber zu wissen, daß es die Wiege der Menschheit ist, macht dieses Tal noch eindrucksvoller. Ich finde auch eine Lehre darin: Als das Klima sich veränderte und rauher wurde, zwang das die Affen dazu, sich weiterzuentwickeln, den aufrechten Gang zu lernen, ihr Gehirn zu entwickeln und ihr Überleben mit Hilfe ihrer Werkzeuge und ihrer sozialen Strukturen zu organisieren. Es ist die Notwendigkeit, sich anzustrengen, die den Menschen geformt hat. Es wäre schade, wenn diese Tugend aus der Mode käme.

Zum letztenmal besuchte ich die Ausgrabungen am Omo im Jahr 1972. Bis dahin hatten wir keine Schwierigkeiten, die Grenze zu überqueren; wir kamen und gingen von Kenia nach Äthiopien und umgekehrt, wie es uns gefiel. Den Äthiopiern war die Anwesenheit zahlreicher Personen aus dem Westen, die einer trostlosen Gegend am vergessenen Rand des Negus-Königreiches Arbeit und Ansehen brachten, sehr genehm. Die Ausgrabungen befanden sich in ungefähr derselben Entfernung von Nairobi wie von Addis Abeba, vielleicht siebenhundert Kilometer Flugstrecke, aber über tausend Straßenkilometer. Anfangs erschien es sinnvoll, die logistische Basis der Expedition in Nairobi einzurichten, das mehr Annehmlichkeiten zu bieten hatte, doch ab 1973 forderten die Äthiopier unter dem Druck der wachsenden Unruhe in ihrem Land, daß sich alles in Addis Abeba abzuspielen habe. Personen aus Kenia waren nicht mehr erwünscht. Und 1976 schließlich machte die kommunistische Regierung unter Mengistu Haile Mariam dem ganzen Unternehmen endgültig ein Ende. Die beiden Expeditionen, die französische wie die amerikanische, mußten ihr Material an Ort und Stelle zurücklassen, wodurch sie beträchtliche finanzielle Einbußen erlitten.

Yves Coppens hatte sich dafür bereits im voraus gerächt, indem er 1974 gemeinsam mit Donald Johanson und Maurice Taieb in der Afar-Wüste bei Dschibuti das fast vollständig erhaltene Skelett von »Lucy« entdeckte. Der Name dieser kleinen Australopithecusfrau ist um die Welt gegangen. Zumindest ist es ihr Verdienst, ein Thema in die öffentliche Diskussion gebracht zu haben, das wissenschaftlichen Kreisen vorbehalten schien. War sie nur ein weiterentwickelter Affe, Vertreterin eines ausgestorbenen Entwicklungszweigs, alles in allem nur so etwas wie eine Cousine? Oder war sie bereits menschlich, die Urmutter, die man in ihr sehen wollte? »Lucy« ist heute der Zankapfel der Wissenschaft; im Englischen spricht man vom »Zankknochen« – was für diese Eva auch nicht schlecht paßt.

KAPITEL V

Ein Kampf, der nie zu Ende geht

1976 erteilte mir Michael Wood den Auftrag, im Distrikt Lamu am Indischen Ozean Impfkampagnen durchzuführen und mich um die medizinische Betreuung von Müttern und Säuglingen zu kümmern. Die Regierung hatte sich mit der Bitte an uns gewandt, die staatliche medizinische Versorgung in dieser abgelegenen Region zu unterstützen; dabei erwies sich das Flugzeug als unverzichtbar. Die Bevölkerung dort lebt verstreut auf kleinen Inseln und auf dem breiten Küstenstreifen; auf dem Landweg bestehen nur spärliche Verkehrsverbindungen. Oft machen Überschwemmungen die wenigen Straßen, die sich durch Moor oder Mangrovensümpfe winden, unpassierbar.

Ist man einmal in Lamu, braucht man nur eine halbe Stunde bis Kiunga nahe der somalischen Grenze, anstatt sechs höllischer Stunden auf der Straße – falls man überhaupt durchkommt. Und in fünf Flugminuten erreicht man die Insel Pate, mit dem Boot der Krankenstation dagegen dauert es zwei Stunden – vorausgesetzt, es ist nicht gerade kaputt.

Ich nahm diesen neuen Auftrag mit großer Freude an, denn Lamu war mir bereits ans Herz gewachsen: Seit Jahren besuchte ich die Insel, und ich hatte mir dort auch ein Haus gebaut, wo ich mich seither alle zwei Monate aufhalte. Fünfhundert Kilometer und zwei Flugstunden von Nairobi entfernt, lebe ich hier eine Woche lang in einem anderen Afrika, dem Land der Swahili: einer Küstenregion nahe Arabien, voll von den Gerüchen Indiens, Indonesiens und Chinas.

Sobald ich Nairobi hinter mir habe, nehme ich Kurs nach Osten; ich überfliege das Kambaland und kann bald die charakteristische Landschaft um Machakos erkennen. In dieser Region hat man ein besonderes Entwicklungsprojekt durchgeführt, um die katastrophale Erosion auf diesen lockeren und stark abfallenden Böden zu bekämpfen: An den Abhängen der Hügel wurden Terrassen angelegt, auf denen Kaffeepflanzen und Obstbäume wachsen. Dieser Terrassenanbau verleiht der Umgebung von Machakos ein wenig vom Flair Balis. In den Tälern wächst Zuckerrohr, und man sieht lauter kleine Häuschen mit Zisternen, die das Regenwasser sammeln. An der Einrichtung dieser Reservoirs waren wir mitbeteiligt: Als Gesundheitsbeauftragte war es unsere Aufgabe, den Menschen in den Dörfern die Bedeutung einer ordentlichen Wasserversorgung begreiflich zu machen. Jetzt müssen die Kamba-Frauen nicht mehr täglich zehn oder fünfzehn Kilometer gehen, um modriges Wasser aus einem aufgestauten Fluß zu holen.

Unter mir liegt der Athi-Fluß, dessen rotes Wasser Schlamm aus dem Hochland mit sich führt. Ausläufer des Yatta-Plateaus säumen das Tal. Endlich zeigt der Mount Mutha die Grenze zwischen dem kultivierten Land und der öden Savanne an, die sich von hier bis an die noch weit entfernte Küste erstreckt. Ich bereite mich auf eine

Stunde Langeweile und Schläfrigkeit über dem Busch vor, der Nyika, die unmerklich zum Meer hin abfällt. »Miles and miles of bloody Africa.«

Eine weite, spiegelnde Wasserfläche, der Garsen-See, kündigt – zumindest bei Hochwasser – das Tana-Becken an. Die Umgebung des Tana-Stroms sieht immer wieder völlig anders aus: In der Hochwasserperiode glaubt man sich im Herzen einer riesigen Camargue. In der Ferne, auf der Höhe der Trichtermündung, ist das Meer rötlich gefärbt. Es ist das Blut Afrikas, das sich dort hinein ergießt, es fließt aus der klaffenden Wunde, die Entwaldung und Erosion in die Bergflanken gerissen haben. In der Trockenzeit hingegen schlängelt sich ein kümmerliches Flüßchen in vielen Windungen durch eine öde, vertrocknete Ebene.

Zwischen Dünen und Mangrovensümpfen wird nun die Insel Lamu sichtbar. In geringer Höhe fliege ich den weiten, einsamen Strand entlang und dann über die ersten Häuser des Dorfes Shela, in dem ich wohne. Dann überfliege ich das große, weiße Krankenhaus und schließlich die Dächer und Minarette der Stadt und den Hafen. Es braucht keine weitere Ankündigung: Jetzt wissen alle, daß ich da bin.

Der Landeplatz befindet sich auf der Nachbarinsel Manda, die aus einem Korallenriff entstanden ist; auf Lamu, das ursprünglich eine Sandbank war, ist der Boden zu labil, um eine Piste anzulegen. Nun muß ich nur noch auf dem glühenden Asphalt mein Gepäck ausladen und warten, bis mich das Boot des Krankenhauses abholt.

Neben Sansibar und der Altstadt von Mombasa ist Lamu der letzte Zeuge einer Zivilisation, die sich zu ihrer Blütezeit vor tausend Jahren über den gesamten ostafrikanischen Küstenstrich von Somalia bis Mosambik erstreckte. Der Ausdruck »Swahili« ist von »Sahel«, dem arabischen Wort für Küste, abgeleitet; er bezeichnet die Bewohner der Küste ebenso wie ihre Kultur und ihre Sprache, früher Suaheli genannt.

Die Verständigung mit den Afrikanern ist in einem Land wie Kenia ein heikles Problem; es gibt mehrere offiziell anerkannte ethnische Gruppen, von denen jede eine eigene Sprache spricht. Glücklicherweise aber gibt es eine Sprache, die allen gemeinsam ist: das Swahili. In Tansania ist es die offizielle Amtssprache, in Kenia teilt es sich diesen Status mit dem Englischen.

Swahili ist eine Bantusprache, die durch das Arabische bereichert wurde; es ist wunderschön, hört sich sehr melodiös an und ist ganz leicht auszusprechen. Es hat etwas Spielerisches, das den Europäern sehr gefällt. Worte wie *jambo*, *karibu*, *hatari* oder *polé-polé* haben sich unauslöschlich in das Gedächtnis eines jeden eingeprägt, der zumindest als Tourist einmal nach Ostafrika gekommen ist. Aber sobald man sich daran macht, es zu lernen, merkt man, daß Swahili kein einfaches Pidgin ist, sondern eine sehr komplexe Sprache mit einer höllischen Syntax. Selbst heute noch komme ich zwar mit Swahili zurecht, verstehe es und kann mich verständlich machen, doch ich bin weit davon entfernt, es perfekt zu beherrschen.

Die Swahili sind Kinder von Wind und Meer; hier haben Geographie und Klima die Geschichte bestimmt. An dieser Küste des Indischen Ozeans weht von November bis März regelmäßig der Nordost-Monsun, *Kaskasi* genannt;

von Mai bis September dreht er und wird zum Kasi aus Südwesten. Diese günstigen wechselnden Winde ermöglichten einen regen Tauschhandel zwischen den gegenüberliegenden Küsten. Gold, Elfenbein, Häute und vor allem in Zentralafrika gefangene Sklaven wurden hier gegen Baumwolle, Seide, Gewürze, Glaswaren und Porzellan aus Indien und Fernost eingetauscht.

Die arabischen Zwischenhändler aus Maskat und Oman heirateten schwarze Frauen und wurden zu Stammvätern entlang der ganzen Küste. Sie gründeten etwa dreißig Stadtstaaten, die teils Verbündete, oft aber Konkurrenten waren. Dieses Ineinanderfließen der Kulturen führte zu einer einzigartigen Mischbevölkerung, bei der die afrikanische Überschwenglichkeit ins enge Korsett eines strengen Islam gepreßt wird. Man findet auf der Insel dreißig Moscheen für zwanzigtausend Einwohner; eine davon ist besonders heilig und Ziel einer der größten Pilgerreisen in der muslimischen Welt.

Auf der Straße verstecken sich die Frauen unter schmucklosen schwarzen *Buibuis*, zu Hause jedoch tragen sie schimmernde Kleider, beschäftigen sich gemeinsam mit Freundinnen tagelang damit, einander mit Henna Rankenmuster auf Arme und Beine zu malen, und geben sich Tänzen hin, die selbst den liberalsten Ajatollah erschaudern lassen würden. Françoise Coppens, die nach ihrem Abenteuer am Omo Ethnologin wurde, hat diese komplizierte und widersprüchliche Gesellschaft sehr treffend beschrieben. Sie orientiert sich eher nach Asien als nach Afrika und hat dank ihrer Isolation Sitten des mittelalterlichen Orients in authentischer Weise bewahrt.

Der Wohlstand des Swahilireiches gründete sich auf ein außergewöhnliches Boot, die Dau mit ihrem dreieckigen Segel, das am Rand wie der Flügel einer Möwe ausgefranst war. Die Dau war stabil und kräftig gebaut und wirkte mitunter schwerfällig, erreichte jedoch bereits bei der leichtesten Brise beachtliche Geschwindigkeit. Im Fahrwasser zwischen den Inseln des Lamu-Archipels herrschte ein ständiges Kommen und Gehen der Daus, die sich Fischfang oder Handel widmeten oder auch als Busse oder Taxis dienten. Sie waren die ersten Nutznießer des aufkommenden Tourismus, der vielleicht auch ihr Überleben sichern wird.

Die Vermischung der Kulturen ist auch in der Architektur auf Lamu spürbar. Die Lehmhäuser besitzen Dächer aus Makuti – das ist Palmstroh – und sehen afrikanischer aus als die großen Wohnsitze aus Korallenkalkstein, die nur wenige Öffnungen nach außen haben und eher vom arabischen Stil inspiriert sind; genauer gesagt, vom Stil des arabisch-persischen Golfs. Die Einrichtung erinnert stark an Indien, vor allem die herrlichen, baldachingekrönten Betten, welche die Innenräume schmücken, ebenso wie die Fenster mit Jalousien. Nicht selten sieht man als Wandschmuck uraltes chinesisches Porzellan. Und die Portugiesen haben bei ihrem kurzen Durchzug ein Fort hinterlassen, das vor kurzem recht hübsch restauriert wurde, sowie einige schöne Fassaden öffentlicher Gebäude.

Lamu ist ein lebendes Museum, dessen Putz ein wenig bröckelt, seit die Abschaffung der Sklaverei, die britische Kolonialherrschaft und die erbitterte Konkurrenz von Mombasa es in den Hintergrund gedrängt haben. Es hat den Zug des westlichen Fortschritts verpaßt, und das macht einen nicht geringen Teil seines Charmes aus. Es bietet ein so genaues Abbild vergangener Tage, daß die Produzenten des Films »An den Quellen des Nil« die Insel als Kulisse wählten; dort wurden die Szenen gedreht, die im Sansibar des letzten Jahrhunderts spielen.

Ein paar Fernsehantennen verunzierten diese so ungeheuer typischen Makuti-Dächer; die Filmleute baten darum, sie zu entfernen, und boten dafür Geld an. Die Besitzer brachten die Antennen zum Filmteam, um zu beweisen, daß sie sie tatsächlich abmontiert hatten, bekamen ein paar Dollar und nahmen sie wieder mit. Ein verhängnisvoller Fehler: Gleich darauf wurde die Antenne an einen Freund oder Verwandten weitergereicht, der dasselbe Spiel von neuem begann. Als die Filmleute ihre Ausgaben checkten, merkten sie bald, daß sie für viel mehr Antennen bezahlt hatten, als es Fernseher in der Stadt gab – wenn nicht im ganzen Bezirk. Die Prozedur wurde wiederholt, doch diesesmal mußten die Antennen abgegeben und bis zum Ende der Aufnahmen auf einem bewachten Grundstück gelagert werden.

Auf Lamu gibt es außer dem Landrover des Distriktskommissars keine Autos; in der Stadt sind die Straßen zu schmal, und außerhalb besitzt niemand einen Wagen. Abgesehen von den Booten sind Esel das einzige Transportmittel. Dreitausend davon gibt es hier: Sie kommen aus allen Ecken hervor und scheinen völlig auf sich selbst gestellt zu leben, wenn sie nicht gerade gebraucht und wie der sprichwörtliche Lastesel vollgepackt werden. Sie laufen frei herum, versammeln sich spontan wie zu einem

Gewerkschaftstreffen oder suchen Schutz vor der Sonne unter den Arkaden der portugiesischen Häuser an der Meerseite.

Ihr Schicksal hat zartfühlende Seelen bewegt; eine britische Organisation richtete eine Veterinärstation ein, in der die Tiere untersucht und geimpft werden und wo man ihnen Futter gibt. Anscheinend liegt ihre Lebenserwartung bei nur elf Jahren, während ihre englischen Artgenossen siebenunddreißig werden; da mußte man doch einfach etwas tun.

Die vielen Esel stören manchmal die öffentliche Ordnung. Aus der Lokalpresse habe ich erfahren, daß zwei dieser Tiere bei einer Verfolgungsjagd einen kleinen Jungen umgestoßen und getreten haben; der Knabe trug zwei abgebrochene Zähne davon. Ein anderer Esel wurde wegen einer Geschwindigkeitsüberschreitung festgenommen und einen ganzen Nachmittag lang in der Polizeistation festgehalten. Eine Zeitlang führten die Stadtväter auch eine Grundsatzdebatte: Da der Eselskot die Straßen zu sehr verschmutzte, sollten den Tieren Windeln angelegt werden. Das Projekt ist aber wieder eingeschlafen.

Was wäre Lamu ohne seine Esel, die aus der Kulisse des Ortes ebensowenig wegzudenken sind wie das Katzengewimmel oder die ernsten, devoten Marabus, die über der Müllkippe am Rand der Stadt hausen?

Ende der sechziger Jahre trat eine andere Spezies in Massen auf: die Hippies, die auf dem Weg nach Katmandu hier Halt machten. Ich glaube, daß sie weniger die Schönheit der Gegend angezogen hat als das Haschisch, das in dieser Region gerne konsumiert wird. Diese Horden sind inzwischen verschwunden, aber sie haben Lamu keinen besonders guten Ruf eingebracht. Man sieht noch einige artverwandte Exemplare, doch das sind meist Edel-Tramps, bei denen durch die Löcher in den Jeans die American-Express-Karte schimmert.

Ich selbst habe Lamu schon vor vielen Jahren entdeckt, 1962. Richard Onslow, ein befreundeter Farmer, hatte eben seinen Flugschein gemacht; wir liehen uns ein Flugzeug und starteten zu viert mit seiner Frau und seinem kleinen Sohn, folgten dem Athi-Fluß, der den Tsavo-Nationalpark bis nach Malindi durchquert und an der Mündung Sabaki genannt wird, und nahmen dann Kurs auf die Küste. Eine Periode starker Überschwemmungen ging gerade zu Ende, die Landschaft schimmerte sattgrün, alle Teiche waren voll, Hunderte Elefanten machten es sich in den Wasserlöchern gemütlich oder erklommen die Dünen am Meeresufer.

Das ist dreißig Jahre her. Wenn ich heute diesen Küstenstrich entlangfliege, sehe ich nichts, was sich bewegt, außer dem Schatten meines Flugzeugs auf dem Sand.

Damals hatten wir vorsichtshalber Schlafsäcke mitgebracht; in Lamu war man überhaupt nicht auf Besucher vorbereitet, und kaum ein Tourist hätte sich damals dorthin verirrt. Das einzige Hotel, das »Petley's Inn«, in dem normalerweise die britischen Beamten abstiegen, war offiziell geschlossen, nachdem kurz zuvor der Inhaber gestorben war. Ein glücklicher Zufall wollte es aber, daß ich dort Ba Allen wiedertraf, den ich aus seiner Zeit als Polizeibeamter bei den Thomson's Falls kannte; er sollte das Hotel bis zur Ankunft des neuen Besitzers, Colonel Pink, beaufsichtigen. Allen trieb Betten auf und brachte uns auf der Dachterrasse in einer Makuti-Hütte unter, die sich als sehr wohnlich und kühl erwies. Im »Petley's« gab es wunderschöne Treppen aus Teakholz, aber die sanitäre Ausstattung war äußerst spartanisch. Das Abwasser floß direkt auf den Strand, und die Toiletten im Obergeschoß bestanden aus großen Fallrohren, die schwindelerregend steil abfielen und in einen Graben mündeten. Eine typische Konstruktion der Kolonialzeit, von den Engländern »long drop« genannt.

Es war einige Wochen vor der Unabhängigkeit. In den Straßen traf man noch auf Mau-Mau-Rebellen, die unter Arrest standen und den Ort nicht verlassen durften. Von der Regierung erhielten sie Unterhaltszahlungen, die es ihnen erlaubten, ein anständiges Leben zu führen und einen Großteil des Geldes ihren Familien zu schicken. Es waren offenkundig gebildete Leute, die zukünftigen Führer des Landes. Abends versammelten sie sich in der Bar des »Petley's Inn«. Sie hoben sich deutlich von der restlichen Bevölkerung ab: Zum einen sahen sie als Kikuju schon äußerlich anders aus, zum anderen trugen sie ostentativ Bärte zur Schau.

Die Bevölkerung lebte, wohl mehr schlecht als recht, vom Fischfang und vom Export von Mangrovenholz in die Golfregion, das als Baumaterial heißbegehrt ist. Trotz der ärmlichen Verhältnisse waren die Menschen sehr gastfreundlich, so wie in allen Gegenden, die der Tourismus noch nicht verdorben hat.

Im Hafen boten die großen, zweimastigen Daus aus den Golfemiraten, die ausschließlich unter Segel fuhren, ein pittoreskes Bild; heute sind sie praktisch verschwunden und durch Frachter und Lastwagen ersetzt. Wahrscheinlich sind sie Kenyatta verdächtig erschienen; er behauptete, sie würden für alle möglichen Schmuggelaktionen benutzt, und machte diesem malerischen, seit tausend Jahren bestehenden Schiffsverkehr ein Ende.

Auf dem Rückflug sahen wir wieder Elefanten, sogar eine noch größere Herde. Onslow machte sich einen Spaß daraus, in geringer Höhe über sie hinwegzufliegen, während ich sie durch die Scheiben filmte. Die Dickhäuter waren davon nicht begeistert und drohten uns erbost mit erhobenen Rüsseln. Es war eine Vision vom Garten Eden, wie wir sie damals oft vor Augen hatten. Die Plünderung der afrikanischen Tierwelt ist kein Mythos; ich kann sie mit meinen Erinnerungen und mit all den Filmen, die ich aufbewahrt habe, bezeugen.

Zwei Jahre später kehrte ich in Begleitung meines Vaters im eigenen Flugzeug nach Lamu zurück. Im »Petley's Inn« hatten wir diesmal das Vergnügen mit Colonel Pink, der uns einlud, auf der Terrasse mit ihm Kaffee zu trinken – sicher nicht aus reiner Höflichkeit, sondern um uns zu taxieren und sich zu vergewissern, daß wir respektabel genug waren, um in seinem Etablissement zu wohnen. Die Überprüfung muß wohl zu seiner Zufriedenheit ausgefallen sein, denn wir durften bleiben.

Zu Fuß wanderten Vater und ich dann zum Dorf Shela, drei Kilometer über den Sand; bei Flut ist der Weg unpassierbar. Es war furchtbar heiß und feucht; Gott sei Dank hatte irgendein wohltätiger Mensch an einigen Stellen Bänke aufstellen lassen, damit die Spaziergänger sich aus-

ruhen konnten. Shela bestand zu mehr als der Hälfte aus Ruinen; aber an einer Kurve erhob sich ein herrliches Haus im originalgetreuen Baustil der Swahili-Paläste. Es gehörte damals Henry Burnier, einem steinreichen Schweizer, der zum Islam übergetreten und ein frommer Moslem geworden war, in der Lehre bewandert und geachtet. Er hatte mehrere Pilgerreisen nach Mekka unternommen, und hin und wieder suchten ihn religiöse Würdenträger auf, um ihn zu Fragen der Tradition und der Koranauslegung zu konsultieren. 1966 jedoch, als die Konflikte mit Somalia begannen, war er gezwungen, Lamu zu verlassen: Er besaß eine Farm auf dem Festland, in Witu an der Mündung des Tana, und die Anwesenheit eines Europäers, und sei er auch ein weiser Moslem, gefiel den Somali nicht. Sein Leben war in Gefahr. Da die Regierung sich nicht sehr bemüht zeigte, ihn zu schützen, ging Burnier nach Mombasa, wo er seine Tage als Ehrenkonsul der Schweizerischen Eidgenossenschaft beschloß.
Eine dänische Familie, die Korschens, kaufte das Haus und machte es zu einem der besten Hotels Kenias, dem »Peponi«. Dieser Name hat weder etwas mit Peppone noch mit Italien zu tun, wie ich es öfter in Zeitschriften gelesen habe, sondern ist ein Wort aus der Swahilisprache, das einen Ort im Wind oder auch das Paradies bezeichnen kann. Tatsächlich spürt man, sobald man um diese Ecke biegt, plötzlich den frischen Seewind und entkommt der schwülen Stadtluft. Das ist der Hauptgrund, weshalb sich die meisten Europäer in Shela niedergelassen haben, wo das Klima sehr viel erträglicher ist.
In den ersten Jahren war Lamu für mich lediglich ein Aus-

flugsziel, und ich dachte überhaupt nicht daran, dort etwas zu kaufen. Die Beziehung zu einigen außergewöhnlichen Menschen, die mich in ihren Kreis aufnahmen, aber ließ für mich die Insel immer wichtiger werden.

Jim De Vere Allen sammelte Swahilikunst und lehrte mich sie schätzen. Auf ihn geht das großartige Museum in Lamu zurück: Er lief sich die Hacken ab, um die Mittel dafür aufzutreiben, und er kaufte den einheimischen Familien all die Gegenstände ab, deren Wert ihnen kaum bewußt war. Aber Jim machte es sich zur Regel, trotzdem gute Preise zu bezahlen, damit die Menschen einen Begriff von dem Reichtum ihrer Vergangenheit bekommen konnten.

De Vere Allen war in Kenia geboren worden, wo sein Vater Gefängnisdirektor und seine Mutter Geschichtslehrerin gewesen war. Er hatte in Uganda sein Studium als Historiker absolviert und war danach nach Indonesien gegangen, um die dortige Kultur zu studieren. Er hat viel gegen den Verfall in Lamu unternommen, das wie Sansibar eine Ansammlung von Ruinen und Slums zu werden drohte. Jim veranlaßte die Regierung, ganze Straßenzüge zu kaufen, gestaltete sie neu und richtete dort Mietwohnungen für die Beamten ein. Der erste Schritt war getan; die Handwerker begannen wieder traditionelle Möbel herzustellen, und die reichen Bewohner kamen auf den Gedanken, ihre Häuser zu reparieren oder neue zu bauen. Selbst der Abbau von Korallenkalkstein auf der Insel Manda wurde wieder aufgenommen.

George Fegan war in Dublin und London als medizinische Kapazität bekannt gewesen; als Gefäßspezialist hatte er

eine revolutionäre Methode zur Behandlung von Krampfadern entwickelt. Durch die aufreibende Arbeit zog er sich schon mit neunundvierzig Jahren eine Angina pectoris zu; man gab ihm nur noch kurze Zeit, wenn er sich nicht sofort aus dem Beruf zurückzöge. Fegan wußte genug über die Materie, um den Warnungen Glauben zu schenken, und beschloß, sich in Kenia zur Ruhe zu setzen.
Bei einer Verkaufsausstellung von Sotheby's in London sprach ihn eine Frau an, die von seiner bevorstehenden Abreise erfahren hatte:
»Wenn Sie nach Kenia gehen, darf ich Sie bitten, einem Freund von mir eine Flasche Gin mitzubringen? Ich habe es ihm versprochen, und er wird sich sehr darüber freuen. Er heißt Latham Leslie Moore und wohnt in Lamu.«
Als Fegan am Flughafen von Nairobi ankam, bat er den Taxifahrer:
»Können Sie, bevor Sie mich zum Hotel bringen, einen kleinen Umweg über Lamu machen? Ich habe dort ein Geschenk abzugeben.«
»Lamu? Aber das ist fünfhundert Kilometer entfernt! Bis dorthin braucht man mindestens zwei Tage.«
»Ach so«, sagte Fegan und behielt die Flasche.
Als er sich später einmal in Mombasa aufhielt, hörte er, wie sich auf der Terrasse des Hotels »Castle Inn« einige junge Leute unterhielten.
»Ich würde gerne nach Lamu fahren«, sagte einer, »aber ich habe nicht genug Geld für den Bus.«
George hatte die Sache mit Lamu nicht vergessen und reagierte sofort:
»Ich würde auch gerne nach Lamu fahren; nur bin ich

nicht bei bester Gesundheit und kann meinen Koffer nicht tragen. Wenn Sie mir helfen wollen, lade ich Sie zu der Fahrt ein.«

Als Fegan im Hafen von Lamu ankam, traf es ihn wie der Blitz:

»Ich begriff sofort, daß ich mein Shangri-La gefunden hatte, mein – wie immer man es nennen will; jedenfalls den Ort, an dem ich glücklich sein würde.«

Seither lebt George in Shela. Es geht ihm gesundheitlich ausgezeichnet. Jeden Morgen läuft er den Strand entlang; das sind immerhin zwanzig Kilometer. Mindestens ein Dutzend Häuser hat er bereits gebaut: Das Entwerfen, das Einrichten macht ihm Spaß. Wenn alles fertig ist, zieht er freudig ein und legt einen Garten an, aber bald wird er ruhelos und beginnt ein Grundstück für ein neues Haus zu suchen. Er verkauft das alte, und alles fängt von vorne an. Dieses kleine Spielchen wird allein dadurch ermöglicht, daß die Preise nicht mit denen in Europa zu vergleichen sind. Dennoch hat die Wirtschaft in Lamu durch Leute wie De Vere Allen oder Fegan entscheidende Impulse bekommen.

George Fegan hatte übrigens Latham Leslie Moore nicht vergessen: Er kaufte eine neue Flasche Gin und brachte sie ihm. Dadurch lernte er eine der extravagantesten Persönlichkeiten Kenias kennen (wobei Kenia allerdings nie arm an solchen Persönlichkeiten war).

Latham stammte aus einer vornehmen englischen Familie. Er war ein Einzelkind, und seine Eltern kümmerten sich kaum um ihn; den Grund für diese Vernachlässigung führte er darauf zurück, daß er ein unehelicher Sohn Edwards VII. war – der König hatte es selbst vor seinem Tod zugegeben. Später kultivierte Latham die nicht zu verleugnende Ähnlichkeit mit seinem biologischen Vater und trug wie dieser einen kleinen Spitzbart.

Im Ersten Weltkrieg kämpfte Latham an der Front und erlitt eine schwere Gasvergiftung; die Ärzte gaben ihm nur noch kurze Zeit zu leben. Er ging nach Tanganjika, wo das Klima für seine verbrannte Lunge günstiger sein sollte, und arbeitete dort bis zum Ende der vierziger Jahre in der Landwirtschaftsverwaltung.

Erst mit dem Zeitpunkt seiner Pensionierung aber wurde seine Geschichte spannend: Latham erfuhr, daß die kleine Insel Msimbati im Süden Tanganjikas zu verkaufen war, und setzte es sich in den Kopf, sie um jeden Preis zu erwerben. Vielleicht suchte er Genugtuung: Er, der zurückgewiesene und verkannte Sohn eines Monarchen, wollte sein eigenes Königreich besitzen.

Die Versteigerung sollte in einer Küstenstadt bei Msimbati stattfinden. Latham suchte sich dort einige Zeit im voraus eine Bleibe und richtete es so ein, daß er die Bekanntschaft des Distriktskommissars machte. Da er selbst früher in der Verwaltung gearbeitet hatte, wußte er die Sympathie des Beamten zu gewinnen; er besuchte ihn jeden Tag zu einem Plausch und stellte jedesmal unmerklich den Zeiger der Pendeluhr im Verkaufsraum um einige Minuten vor. Nach einer Woche ging die Uhr um eine Stunde vor, ohne daß es jemand bemerkt hätte. Am vereinbarten Tag zur vermeintlich richtigen Stunde begann der Auktionator mit der Versteigerung. Niemand außer Latham war erschienen, und er erhielt den Zuschlag ohne Gegengebot. Eine Stunde später trafen die Kaufwilligen ein, pünktlich, wie sie glaubten, fanden die Tür verschlossen und den Handel bereits getätigt.

Latham Leslie Moore regierte lange Zeit über Msimbati. Er machte ein regelrechtes kleines Sultanat daraus, das er für unabhängig erklärte und in dem er seine eigene Flagge hißte.

Als Landwirtschaftsexperte, der er war, verhalf er der Insel zur Blüte, er kümmerte sich anständig um seine Untertanen und exportierte Kokosnüsse. Die Regierung ließ ihn in Frieden und machte sich wenig Gedanken über seine Kapriolen – bis zu dem Tag, als in Mosambik die Revolution gegen die portugiesische Kolonialmacht ausbrach. Tansanias Präsident Julius Nyerere, der den Rebellen freundlich gesinnt war, wollte Msimbati wiederhaben, um es ihnen als geheimes Trainingscamp anzubieten. Latham setzte Himmel und Erde in Bewegung, aber es half nichts: Das Militär verbannte ihn von der Insel.

Der amerikanische Journalist John Hemingway und seine Freundin Mary Ann Fitzgerald, die ihn oft besucht und den alten Kauz ins Herz geschlossen hatten, halfen ihm, in Lamu Zuflucht zu finden; das war ja auch eine Insel, so war ihre Überzeugung, und dort würde er sich vielleicht nicht ganz so heimatlos fühlen. Er bezog eine kleine Pension, die es ihm erlaubte, ein Haus in der Altstadt zu mieten.

Damals hatte ich oft Gelegenheit, ihn zu behandeln. Latham litt aufgrund einer Avitaminose an Geschwüren. Wenn ich in Lamu war, ging ich jeden Morgen um halb sieben zu ihm und spritzte ihm Vitaminpräparate. Außerdem hatte er Schwierigkeiten mit dem Gehen. Damit er sich fortbewegen konnte, befestigten wir an einem Sessel zwei Bambusstangen – eine ziemlich armselige Sänfte für einen abgesetzten Regenten.

Latham war recht zänkisch geworden und überwarf sich mit Nachbarn und Freunden, und Hemingway und ich kamen nach einiger Zeit zu dem Schluß, daß ihm das Klima wohl nicht mehr recht zusagte und wir besser eine andere Unterkunft für ihn finden sollten. Also brachten wir ihn im Hochland, in einem Hotel in Nanyuki, unter. Zuerst gefiel es ihm dort sehr gut; die Touristen waren ganz versessen darauf, seine Geschichten zu hören. Dann aber verkrachte er sich wieder mit allen, wechselte erneut den Wohnort und blieb schließlich im Cottage Hospital in Nanyuki, wo er auch starb. Er war fast hundert Jahre alt geworden – nicht schlecht für einen Mann, den die Medizin fünfundsiebzig Jahre zuvor aufgegeben hatte.

Auch Ba Allen war eine außergewöhnliche Persönlichkeit. Die Leute in Lamu nannten ihn Bwana Kicheka, weil er ein donnerndes Lachen hatte, das man kilometerweit hören konnte. Er bekannte sich zum Islam, ging in die Moschee und nahm an allen Prozessionen teil. Und er war ein großer Schürzenjäger, von dem es hieß, er habe auf jeder Insel des Archipels eine hübsche Frau. Hin und wieder kehrte er nach England zurück; dort starb er einen sinnlosen Tod, als er auf der Straße von einem schleudernden Anhänger überrollt wurde.

Sein Bruder Bunny Allen war ein berühmter Großwildjäger gewesen und hatte, bevor die Jagd verboten wurde, Jahr für Jahr Hunderte Prominente und Kinostars mit auf Safari genommen. Mit sechsundachtzig Jahren lebt er zusammen mit seiner Frau Jerry immer noch in Lamu und schreibt Bücher.

Jerry Allen war es auch, die mich 1973 überredete, selbst ein Haus in Shela zu bauen. Sie hatte einen interessanten Bauplatz für mich gefunden und riet mir, die Gelegenheit zu nutzen. Die Preise stiegen, Lamu kam in Mode; die Leute aus Nairobi begannen, den Ort als Sommerfrische zu entdecken und sich dort Zweitwohnsitze anzuschaffen.

Ich hatte mehrere gute Gründe, nach Lamu zu kommen, trotz der großen Entfernung, die mich anfangs davon abgehalten hatte. Viele meiner Freunde hielten sich dort auf; das waren, außer denen, die ich bereits genannt habe, Jean Brown, die Anthropologin, Pamela Scott, Richard und Anny Hughes, die Leakeys – alles Menschen, die ich gerne besuchte. Außerdem hatte ich langsam genug davon, bei diesem oder jenem unterzukommen oder im »Peponi« zu wohnen.

Also faßte ich mir ein Herz und nahm Jerry Allens Angebot an, die sich sehr freute, mich als Nachbarin zu bekommen. Jim De Vere entwarf für mich ein richtiges Swahili-Domizil, wie sie im 17. Jahrhundert gebräuchlich gewesen waren, mit einem zentralen Innenhof, einer Galerie im Obergeschoß und einer Terrasse mit Makuti-Dach. Nicht zu vergessen die *Daka*, diesen für die islamische Bautradition charakteristischen Vorhof: Das ist ein kleiner, offener Raum, der vor der Haustür zur Straßenseite hin liegt. Dank der Steinbänke kann man dort männliche Besucher empfangen, ohne sie ins Haus zu bitten, das der geheiligte Bereich der Frauen ist.

Das neue Gesundheitsprogramm, für das ich im Distrikt Lamu verantwortlich war, bot mir eine weitere Gelegenheit, mich in dieser Region nützlich zu machen, die mich leidenschaftlich begeisterte. Das war noch besser, als die Maurer zu beschäftigen oder dem traditionellen Handwerk Anreize zu geben.

In dieser Gegend gibt es, in den Sümpfen und Wäldern verstreut oder auch an abgelegenen Orten auf den Inseln, Gemeinschaften, die unter sehr schwierigen Umständen leben. Manche Stämme sind kaum über die menschliche Vorgeschichte hinausgekommen. Sie sind Trockenzeiten und Überschwemmungen hilflos ausgeliefert, wenn sie nicht gerade von den bewaffneten Banden, die vereinzelt aus Somalia herüberkommen, überfallen und unerbittlich gejagt werden.

Lamu selbst ist auch kein exotisches Saint-Tropez, auch wenn das die Reisezeitschriften, die ich hin und wieder in die Hand bekomme, nicht wahrhaben wollen. Natürlich ist es wunderschön; das Meer hat ideale Badetemperatur, die Strände sind einsam und endlos. Doch die sanitären Verhältnisse sind beklagenswert, das Grundwasser ist schmutzig und verseucht. Das ist um so bedauerlicher, als es an Wasser nicht fehlt: Regen fällt im Überfluß, die Dünen wirken als Filter, und überall gibt es Brunnen. Es ist ein Jammer, daß sie nicht in Ordnung gehalten und oft als Latrinen benutzt werden. Durch die schlechte Entwässerung des Bodens und die mangelhafte Instandhaltung der öffentlichen Straßen und Wege entstehen Pfützen und Tümpel – Brutstätten für Stechmücken, die einer sehr ansteckenden Malariaform Vorschub leisten.

Die Fassade ist sehr hübsch, aber man schaut besser nicht dahinter. Es ist nicht angenehm, sich den Hinterhof des Paradieses anzusehen – doch gerade das ist meine Aufgabe.

Der erste Arzt, mit dem ich bei meinen Rundflügen zusammenarbeitete, war ein Inder, Dr. Panessar Singh, der Beauftragte der kenianischen Regierung für dieses Programm; ein hochgewachsener und besonders gutaussehender Sikh, der die Blicke der Mädchen auf sich zog. Als ausgezeichneter Arzt und fähiger Staatsdiener verschanzte er sich nicht in seinem Büro, sondern war immer bereit, mit mir zu Patienten zu fliegen und sich Zeit zu nehmen, diese Menschen und ihre Sitten kennenzulernen.

Dr. Singh hatte nur einen Fehler: Ich konnte nicht mit ihm Schritt halten. Er ging eigentlich nicht schnell, aber seine Beine waren zweimal so lang wie meine, so daß ich drei Schritte machen mußte, wenn er nur einen tat. Eines Tages, vor Chundoa, konnte ich nicht mehr: Ich setzte mich auf einen Stein und streikte:

»Lassen Sie mich hier sitzen. – Gehen Sie nur so weiter, aber ich komme bei diesem Tempo nicht mit.«

Der arme Dr. Singh war ganz betreten; er hatte nie bemerkt, welche Schwierigkeiten ich hatte.

Um unsere Impfkampagne in die Wege zu leiten, mußten wir überallhin gehen, zu den kleinsten Krankenstationen und Gesundheitszentren. Wo es beides nicht gab, richteten wir uns in der Schule ein. Das Serum und die Kühlbehälter brachten wir selbst mit. Die lange Liste der Dörfer, die wir besuchen mußten, klang wie eine Litanei: Mararani, Mangai, Ichokoni, Mkokoni, Kiwayuu, Faza, Siyu, Pate ... ich

kenne sie auswendig. Innerhalb einiger Monate hatten wir den Distrikt vollständig abgedeckt.
Heute sind die Stationen mit gas- oder solarbetriebenen Kühlschränken ausgestattet und können sich selbst um die Impfungen kümmern. Wir gehen nur noch in die Dörfer, die völlig abseits der Gesundheitszentren liegen. Das Ergebnis all dieser Bemühungen ist ermutigend: Der Lamu-Distrikt hat, obwohl er schwierig zu versorgen ist, den besten Impfschutz von ganz Kenia.
Herkunft und Lebensweise sind bei den Küstenvölkern ungleich vielfältiger als bei den Nomaden im Norden oder den Bauern im Zentrum des Landes, und daher sind auch die Krankheitsbilder unterschiedlich. Die Menschen in Kiunga sind Bauern und leben vom Kopra-Anbau, sie betreiben aber auch Fischfang; ihre Ernährung ist ziemlich ausgeglichen. Bei den Kindern sieht man Fälle von Mangelernährung; sie sind teilweise darauf zurückzuführen, daß die muslimischen Frauen nicht so lange stillen. Die Boni im Hinterland hingegen, die der somalischen Urbevölkerung angehören, leben versteckt mitten im dichten Wald; sie sind Jäger und Sammler und ernähren sich von einer Art Dattelmehl sowie von den Beeren einer Erdbeerbaumart. Diese Boni töteten früher mit Pfeil und Bogen Elefanten. Dazu fehlen ihnen heute die gesetzliche Erlaubnis und die Gelegenheit, aber die Antilopen sind ihnen immerhin geblieben.
Einmal war ich bei den Boni in Mangai zu einer Beschneidung eingeladen. Sie veranstalteten ein großes Fest mit Tanz und feinem Essen; große Schüsseln mit gestampftem Mais standen auf dem Boden, garniert mit leckeren Anti-

lopensteaks. Unter den Gästen war ein örtlicher Polizeibeamter, dem das eigentlich verbotene Wildbret vorzüglich zu munden schien. Aber wie soll man auch Menschen das Jagen verbieten, die keine andere Lebensgrundlage haben? Bei den Boni sucht man im ganzen Dorf vergebens einen Bogen. Sie verstecken sie in der Umgebung im Gebüsch, wo ein Nichteingeweihter sie niemals entdecken wird; sie selbst finden sie auf Anhieb wieder. Ich habe zwei dieser Bogen für meine Wachleute gekauft, die perfekt mit ihnen umgehen können. Ein Bogen kostete dreißig Shilling, ein Pfeil sechzig. Das erscheint vielleicht sonderbar, aber ein Bogen ist leichter herzustellen als ein guter Pfeil, der in gerader Linie fliegen soll.

Die Orma, die zusammen mit ihren Tieren in Witu, an der Tana-Mündung, beinahe im Wasser leben, sind mit den Galla in den nördlichen Wüsten verwandt und sprechen dieselbe Sprache. Wie zum Teufel mögen sie hierhergekommen sein? Sie wohnen in schönen Hütten mit elliptischem Grundriß, die ebenso wie ihre Betten und Möbel aus Binsen und Schilf geflochten sind. Ihre Erkrankungen stehen in direktem Zusammenhang mit ihrem Leben am Wasser; das trifft vor allem auf die Bilharziose zu. Kleine Saugwürmer gelangen durch die Haut ins Kreislaufsystem und setzen sich als Parasiten in Darm oder Blase fest. Die Krankheit verläuft selten tödlich, doch sie führt zu Blutarmut und extremer Schwäche. Blut im Urin ist das offensichtlichste Symptom. Heute kann man diese Parasitose mit Medikamenten wirksam bekämpfen.

Die Krankheiten, gegen die es die klassischen Impfungen

gibt (Tuberkulose, Polio, Röteln und so weiter), sind selten geworden; dagegen ist die Malaria allgegenwärtig. Die eingeborene Bevölkerung besitzt eine erworbene Immunität, jedoch gibt es häufig gefährliche Erkrankungswellen, von denen besonders die Kinder betroffen sind.

Eine weitere Parasitose, die Bancroft-Filariose, wird von Stechmücken übertragen, die in den Feldern leben; sie führt zu einem enormen Anschwellen der Beine oder der Hoden. Es erkranken vor allem Männer, denn bei den Muslimen gehen die Frauen nicht auf die Felder, worüber sich die Kikuju gern empören: Bei ihnen machen die Frauen die meiste Arbeit...

Manchmal tritt eine Denguefieber-Epidemie auf. Im Englischen spricht man vom »breakbone fever«, dem Fieber, das solche Schmerzen macht, als würden einem die Knochen brechen. Verursacht wird es durch einen Virus, den Insekten übertragen. Den Symptomen dieses Fiebers muß man mit Aufmerksamkeit begegnen; sie können zu einer irrtümlichen Malariadiagnose verleiten.

Ein häufiges Phänomen auf den Inseln ist Bluthochdruck mit seinen Folgen: Schlaganfall und daraus resultierende Lähmungen. Meiner Ansicht nach ernähren sich die Insulaner zu salzhaltig. Hauptbestandteil ihrer Nahrung ist Fisch, und auch ihr Trinkwasser ist salzig. Sogar junge Leute leiden schon unter diesen Beschwerden, die um so ungewöhnlicher sind, als die Afrikaner im allgemeinen einen niedrigen Blutdruck haben. Es ist zum Beispiel festgestellt worden, daß Massai oder Samburu, die von der Armee eingezogen werden, Bluthochdruck bekommen. In ihrer gewohnten Umgebung ist Salz Mangelware und wird wenig verwendet, doch sobald sie die Kasernenkost zu sich nehmen, steigt ihr Blutdruck.

Die Frauen an der Küste haben ein breites Becken, und die Geburten verlaufen leichter als bei anderen ethnischen Gruppen; selten wird ein Kaiserschnitt nötig. Aber man findet Fälle von Eklampsie, einer schweren Komplikation in der Schwangerschaft, die durch einen plötzlichen starken Anstieg des Blutdrucks gekennzeichnet ist und zu Krämpfen sowie in schweren Fällen zum Koma führt.

In Witu wurde ich zu einem jungen Mädchen gerufen, das diese Symptome zeigte. Sie war etwa fünfzehn Jahre alt, im sechsten Monat schwanger und erwartete ihr erstes Kind – die Eklampsie trifft besonders Erstgebärende im zweiten Drittel der Schwangerschaft. Die Symptome waren eindeutig, die Chancen standen schlecht. Da das Krankenhaus von Lamu nicht in der Lage war, sie zu behandeln, brachte ich sie zusammen mit ihrer Mutter nach Mombasa, wo sie innerhalb von acht Tagen im Krankenhaus starb.

Sechs Monate später kam ich wieder nach Witu, um Impfungen durchzuführen. Auf dem Weg zur Krankenstation sprach mich eine Frau an:

»Mama Daktari, das möchte ich Ihnen zum Dank geben.«

Sie reichte mir eine kleine Papiertüte, in der sich sechs Eier befanden. Ich erkannte die Mutter des jungen Mädchens.

»Aber wofür denn? Wir konnten sie doch leider nicht retten.«

»Nein, aber ich wollte Ihnen danken, weil Sie es versucht haben.«

Diese Geste hat mich sehr bewegt. Nicht der materielle Wert des Geschenks war wichtig; bei diesen Leuten haben Eier eine tiefere Bedeutung. Man gibt sie gerade jungen Frauen in der Schwangerschaft als Symbol des Lebens. Ich habe nie eine schönere Belohnung erhalten als an jenem Tag in Witu.

Mit George Fegan zusammen habe ich in Lamu auf privater Basis eine kleine Stiftung für junge Gelähmte auf die Beine gestellt: Jungen, die sich bei einem Unfall die Wirbelsäule verletzt haben und keinerlei soziale Absicherung besitzen.

Der schwerste Fall, Abdallah, war im Alter von neunzehn Jahren in Mombasa von einer Brücke ins Meer gesprungen. Es war Ebbe, das Wasser nicht tief genug, und seither ist er gelähmt. Seine Großmutter in Lamu hat ihn aufgenommen und pflegt ihn; sie bekommt von uns fünfhundert Shilling im Monat. Er ist ein sehr intelligenter Junge und liebt Musik, also bringen wir ihm Kassetten, sein einziges Glück. Er ist sich seines Zustands vollauf bewußt, und sein Anblick kann einem das Herz brechen.

Andere sind von einer Kokospalme oder einem Lastwagen gefallen und glimpflicher davongekommen. Wir bemühen uns, sie gemeinsam unterzubringen oder in ein Rehabilitationszentrum in Voi zu schicken.

Diese Initiative ist unser eigenes kleines *Harambee:* Dieses Swahili-Wort bedeutet ungefähr »packen wir's gemeinsam an« und bezieht sich auf eine typisch kenianische, von Kenyatta eingeführte Praxis, die darin besteht, die Bürger bei jeder Gelegenheit und jedwedem Vorhaben zur »freiwilligen« Mithilfe aufzurufen: beim Bau einer Brücke, eines Krankenhauses, einer Straße – was normalerweise Aufgabe des Staates wäre, wenn der seine Steuereinnahmen zielgerichtet verwenden würde.

In den vierundvierzig Jahren, die ich in Afrika als Ärztin praktiziert habe, war ich ständig mit der Macht von Zauberern, Hexen und Heilern jeder Art konfrontiert. Auf diesem Kontinent sind Tradition, Aberglaube und das Übernatürliche Teil der tieferen Gesellschaftsstruktur, und sie zu ignorieren wäre dumm, sie zu bekämpfen zwecklos. Anfangs nahm ich es den Leuten übel, wenn sie mir gestanden, daß sie auch den Medizinmann aufsuchten. Nicht immer war es nötig, mir das zu sagen; ich sah schon an den Schnitten oder Verbrennungen auf der Haut, daß die Patienten magische Rituale über sich hatten ergehen lassen. Dann erhob ich meine strenge Stimme:
»Entweder du gehst zu ihm oder zu mir, aber du mußt dich entscheiden.«
Allmählich aber begann ich zu verstehen, daß das nicht der richtige Weg war. Beim Medizinmann fand der Kranke seine innere Ruhe; er bekam die Gewißheit, daß das Nötige getan war, um den beleidigten Urahnen oder den bösen Geist zufriedenzustellen, der ihm Übles wollte. Ich blieb bei der Überzeugung, daß meine Medikamente wichtiger für die Heilung waren, aber wenn der Patient sich während meiner Behandlung in einem besseren psychischen Zustand befand, war das nur positiv.
Wenn ein Afrikaner ein Leiden hat, denkt er, daß er bestraft wird, weil er ein Tabu gebrochen hat, oder daß ihn jemand verwünscht hat. Er versucht, zur Wurzel des Übels

zu gelangen, zu erfahren, was er Böses getan hat oder wer ihm Schlechtes wünscht. Er wird zum Zauberer, dem *Mganga*, gehen und ihn beauftragen, das Rätsel zu lösen und das Gegenmittel zu beschaffen; die Verfahren dafür sind äußerst vielfältig.

Zusammen mit der Ethnologin Jean Brown habe ich einmal einen sehr bekannten *Mganga* besucht: Mweia Wa Isopia, der in den Bergen des Kamba-Gebiets praktizierte. Seine zahlreichen Patienten halfen bei der Behandlung, die öffentlich stattfand, während sie warteten, bis sie selbst an der Reihe waren. Alle schauten zu, die Patienten genierten sich überhaupt nicht und fanden das ganz natürlich. Für sie war Krankheit weder ein Geheimnis noch eine Schande.

Unser berühmter Isopia vollführte geheimnisvolle Bewegungen mit Knochen und Hörnern verschiedener Tiere und ließ die Hand seines Patienten über Muscheln gleiten. Er hieß ihn sich auf ein großes, umgestülptes Gefäß setzen und schwarze Pasten lecken; er ließ ihn sich im Kreis drehen, lief um ihn herum, stellte ihn gerade hin und kroch zwischen seinen Beinen durch. Er gebärdete sich wie ein Verrückter und trank viel Bier, sein Körper war schweißgebadet. Nach einer halben Stunde gab er sein Urteil ab:

»Du hast diesen oder jenen Ahnen beleidigt, der vor drei oder zehn Generationen gelebt hat. Um ihn zu beruhigen, mußt du ihm ein Opfer bringen.«

Darauf folgte eine Verordnung, die streng zu befolgen war: ein Schaf töten, eine bestimmte Anzahl Freunde zum Mahl einladen. Die Verschreibung wurde dem einzelnen

Fall angepaßt. Wenn der Zauberer vermutete, daß sein Patient verwunschen war, lieferte er eine vage Beschreibung des Schuldigen und seines Aufenthaltsorts und setzte eine bestimmte Summe für den Gegenzauber fest.
Isopia verdiente gutes Geld, mehr als tausend Shilling am Tag, hieß es. Ich hatte nicht das Gefühl, daß es leicht verdient war, so hart, wie er arbeitete. Wenn ich mir mit jedem meiner Patienten solche Mühe geben müßte, würde ich nicht viele behandeln können.
Die Menschen kamen von weither, aus Mombasa, Nairobi und Kisumu zu Isopia zur Behandlung. In seiner Hütte hingen kleine Säckchen unter dem Dach, Zaubermittel, wie er uns erklärte:
»Jene dort gehörten meinem Großvater, diese hier meinem Vater. Aber ich habe nicht das Recht, sie zu benutzen, ich mußte meine eigenen herstellen. Wenn ich sterbe, wird der Sohn, den ich zu meinem Nachfolger bestimme, auch seine eigenen Zaubermittel machen und meine an die Balken hängen.«
Ich habe bei Isopia einen alten Flaschenkürbis voll schwarzen Pulvers gekauft. Ich weiß nicht, wozu er gut ist, aber meine afrikanischen Angestellten haben große Angst davor.
Bei den Massai in der Nähe von Magadi lebte eine Zauberin namens Segenan. Sie behauptete, ihre Macht bei einem Aufenthalt in Tanga in einer Art Ausbildungszentrum für Zauberer erhalten zu haben, wo sie eine Woche im Magen einer Kuh, eines für die Massai heiligen Tiers, verbracht haben wollte. Segenan ging ähnlich vor wie die chinesischen Ärzte: Sie erhob in ihrem gesamten Arbeitsgebiet

eine jährliche Gebühr von zwei Shilling pro Familie; als Gegenleistung verpflichtete sie sich, alles Nötige zu tun, um die Gemeinde bei guter Gesundheit zu erhalten.
Segenan war sehr klug. Sie wußte mit der neuen Situation perfekt umzugehen, als wir mit den »Mobile Units« im Massaigebiet eintrafen, hieß unsere Teams willkommen und bat darum, daß wir mit den Untersuchungen in ihrem eigenen Dorf anfingen, um mit gutem Beispiel voranzugehen. Sie gab Anweisung, daß alle sich impfen lassen sollten. Das war ganz offensichtlich die richtige Politik: Der Nutzen, den unsere Behandlung brachte, würde ihr angerechnet werden. Sie hatte sich ihre zwei Shilling wohl verdient.
Segenan hat uns sehr in dem Gedanken bestärkt, daß eine Symbiose zwischen Tradition und moderner Therapie möglich ist. Sie schätzte die Bedeutung der präventiven Medizin absolut richtig ein, kam jedesmal zu uns ins Camp, wenn wir Sprechstunden abhielten, hörte sich unsere Ratschläge an und informierte sich über unsere Methoden.
Segenan war eine schöne Frau, sehr groß und sehr schlank, eine beeindruckende Persönlichkeit. Sie war reich und besaß viele Tiere; die Massai sagten, wenn ihre Kühe morgens zur Weide gingen, dauere der Zug mehrere Stunden. Auch in dieser Hinsicht brachte Segenan dem Fortschritt eine entschieden offene Haltung entgegen; sie besuchte sogar unseren Stand auf der Landwirtschaftsmesse in Nairobi, wo wir für verbesserte Aufzuchtmethoden warben.
Einmal kam ich selbst in die Lage, einen Zauberer zu Hilfe

rufen zu müssen. Ich hatte bei einer Versteigerung eine Kiste mit ausgezeichnetem Highland-Mist-Whisky und eine andere mit altem, erlesenem Champagner erstanden, die ich beide in einen Schrank einschloß, um sie für besondere Gelegenheiten aufzubewahren. Dennoch stellte ich fest, daß immer mehr Flaschen verschwanden; ich fand sie leer im Gras hinter der Küche versteckt wieder. Die Etiketten waren entfernt worden, doch die spezielle Form war leicht wiederzuerkennen.

Ich hatte meinen alten Koch in Verdacht, der exzellent kochte, aber dem Alkohol ziemlich zugetan war. Ich hatte aber keinen Beweis, und außerdem wollte ich ihn behalten und ihn nicht vor den Kopf stoßen. Was mich besorgt machte, war weniger die Klauerei als die Gesundheit des alten Mannes: Wenn er meine Vorräte weiter mit solcher Geschwindigkeit dezimierte, würde er nicht mehr lange leben. Also beschloß ich, auf das lokale Brauchtum zurückzugreifen.

Einer der Wachleute der landwirtschaftlichen Kooperative von Thomson's Falls praktizierte bisweilen als Zauberer; er war ein Luo, ein sehr würdevoller Herr in Uniform. Ich stellte ihm die Angelegenheit ausführlich dar, und schließlich bat er mich, ihn bis zum Dorf mitzunehmen.

»Von da aus werde ich zu Fuß zu Ihrer Farm gehen. Dabei treffe ich Leute, bei denen ich mich ein wenig erkundigen kann...«

Bei mir zu Hause angekommen, ließ er mich das gesamte Personal – etwa fünfzehn Personen – zusammenrufen. Er begann mit einem Gebet, dann bat er den jüngsten Angestellten – einen Pferdeburschen –, eine kleine Dose zu halten, die eine schwarze Paste enthielt. Er zog eine Art Nähnadel heraus und murmelte Beschwörungsformeln, bevor er feierlich erklärte:

»Hier ist viel gestohlen worden. Wir werden erfahren, wer die Schuldigen sind. Sie werden zurückgeben müssen, was sie genommen haben, sonst wird ihnen Böses widerfahren.«

Der Wachmann wies alle an, die Zunge herauszustrecken, ohne sich zu bewegen. Das wirkte ziemlich komisch, aber keinem war zum Lachen zumute. Mit einem Spatel holte er dann schwarze Paste aus dem Döschen und strich jedem ein wenig davon auf die Zunge. Dann steckte er seine Nadel in die Masse; sie blieb nicht stecken und fiel jedesmal herunter. Bis er zum Koch kam: Bei ihm blieb die Nadel ganz gerade stecken.

»Du also hast die Diebstähle begangen«, rief der Zauberer aus. »Du wirst uns sagen, was du genommen hast. Geld, Wein, Nahrungsmittel, Alkohol, Kleidungsstücke?«

Mit herausgestreckter Zunge und der darin steckenden Nadel konnte der Ärmste nicht sprechen und bejahte oder verneinte die Fragen mit Kopfbewegungen. So legte er ein ebenso vollständiges wie stummes Geständnis ab.

Der Zauberer sprach sein Urteil:

»Du wirst diese Flaschen bezahlen müssen; ihr Wert wird dir vom Lohn abgezogen. Und du wirst mir sechs Monate lang fünfzig Shilling pro Monat bezahlen.«

Hier legte ich allerdings mein Veto ein; statt dessen verlangte ich, daß das Personal für die eine Hälfte der Beratungsgebühr aufkam und ich für die andere. Auf diese Weise würde jeder sich an der Aktion beteiligt fühlen,

deren tieferer Sinn es war, das Vertrauen zwischen uns wiederherzustellen.
Nachdem der Handel abgeschlossen war, machte der Zauberer ein Zeichen, und die Nadel, die immer noch in der Zunge des Kochs steckte, fiel auf einmal ab, obwohl die beiden Männer drei Meter voneinander entfernt standen. Ich weiß nicht, wie das vor sich gegangen ist, sicher gab es einen Trick, aber ich warte immer noch auf die Erklärung. Am beunruhigendsten ist, daß die Sache mit der Nadel auch noch bei zwei oder drei anderen Angestellten funktionierte, die gestanden, daß sie Kleider oder Nahrungsmittel gestohlen hatten, was nichts Weltbewegendes und allgemeine Sitte ist. Aber wie hatte dieser Wachmann sie entdeckt? Ich hatte ihm lediglich den Koch als Verdächtigen genannt. Ohne seine seherische Begabung bezweifeln zu wollen, nehme ich an, daß diese Hellsicht das Ergebnis seiner Erkundigungen im Dorf gewesen ist.
Bereits am nächsten Tag sah ich im Schuppen Spaten, Hacken und Werkzeuge wieder auftauchen, die seit langem verschwunden gewesen waren. Was den Koch anging, so kam nicht in Frage, daß er mir den tatsächlichen Wert dessen, was er getrunken hatte, bezahlte; zumindest jedoch war ich gewiß, daß er in Zukunft seinen Alkoholkonsum reduzieren würde. Er war ansonsten ein ganz und gar achtbarer Mann, ein Kipsigi, der für die Ausbildung seiner Kinder anscheinend gut zu sorgen wußte: Einer seiner Söhne ist General geworden.
In Loliondo hatte der Arzt und Missionar Dr. Wachinger jahrelang gegen einen mächtigen *Laibon* – einen Massai-Zauberer – zu kämpfen, der nicht erlaubte, daß man auf

seinem Territorium praktizierte, und uns die größten Schwierigkeiten bereitete. Letzten Endes ging der starrköpfige Laibon, der ein Krebsleiden hatte, aber doch ins Krankenhaus, um sich operieren zu lassen. Nach seinem Tod erfuhren die Massai bald, daß der große Feind der »weißen« Medizin schließlich die Waffen gestreckt hatte.

So etwas kommt immer häufiger vor. Jene, die noch zögern, wissen, daß wir zwar keine Wunder vollbringen, doch der Augenblick kommt, wo sie sich geschlagen geben und in unser Lager wechseln müssen. Zu unseren größten Erfolgen gehört es, daß wir die Vertreter der traditionellen afrikanischen Medizin zu unseren Verbündeten machten, anstatt sie zu bekämpfen. Wir hindern niemanden daran, zu den Zauberern zu gehen, von denen wir aber im Gegenzug verlangen, daß sie jene Fälle an uns weitergeben, die ihre Fähigkeiten übersteigen; es herrscht ein Geist der Zusammenarbeit und nicht des Wettbewerbs.

Das mag utopisch erscheinen, aber es funktioniert. Wir zeigen ihnen, wie sie ernährungsbedingte Anämien entdecken können, damit sie selbst eine Diät verschreiben, beispielsweise eisenreiches Gemüse für Wöchnerinnen mit Blutungen. Und wir haben sie überzeugt, daß sie sich für Impfungen einsetzen. Es war ein allmählicher Prozeß, doch jetzt ist der Kampf gewonnen. Heute gelten Frauen, die ihre Kinder nicht impfen lassen, in ihrer Gemeinde als Schandfleck.

Ich behaupte allerdings nicht, daß mit der afrikanischen Zauberei alles rosig aussähe. Der *Mganga* ist ein guter, wohlwollender Zauberer, doch es gibt auch den *Mchawi*, den bösen Zauberer, zu dem man geht, um sich an einem Feind zu rächen oder einen Rivalen aus dem Weg zu räumen, und der Menschen mit Zaubern belegt oder, noch schlimmer, Gift bereitstellt. Ich will aber nichts vereinfachen: *Mganga* und *Mchawi* sind oft ein und dieselbe Person, die je nach den Umständen ihre Rolle wechselt.

In Ol Kalou brachte man mir einmal einen Mann im Stadium der Katalepsie, starr und fast kalt. Er war bewußtlos, aber sein Puls war normal. Ich habe alles versucht, um ihn wiederzubeleben – vergeblich. In der Nachbarschaft munkelte man, daß er verzaubert worden war. Ich überwies ihn ins Krankenhaus von Nakuru, wo man auch nichts entdecken konnte. Keine Meningitis, keine Infektion, keinerlei Symptome. Trotz der Infusionen starb der Mann innerhalb von acht Tagen, ohne das Bewußtsein wiedererlangt zu haben, und theoretisch bei bester Gesundheit. Ich erfuhr später, daß es in seinem Clan eine Vendetta gegeben hatte und daß er wahrscheinlich vergiftet worden war.

Die Zauberer sind sehr bewandert in der Giftmischerei. Bei Autopsien habe ich manchmal seltsame, mit der Nahrung vermischte Samenkörner gefunden. Bestimmte Getränke entwickeln eine paralysierende Substanz ähnlich dem Curare, und Wabain, das zum Vergiften der Pfeile benutzt wird, findet heute Verwendung in der Kardiologie.

Auch auf dem Gebiet der Arzneipflanzen haben wir von den Afrikanern viel zu lernen; ein weiterer Grund, um mit ihren Kräuterkundigen zusammenzuarbeiten. Wir dürfen nicht vergessen, daß die meisten Grundstoffe der modernen Pharmakologie nach dem Modell pflanzlicher Substanzen synthetisiert werden, wie das Aspirin entsprechend der Weidenrinde oder Chinin auf Basis der Chinabaumwurzel. Wenn zum Beispiel in Sigor zur Regenzeit eine Malariawelle droht, kochen die Einwohner eine Wurzel auf. Dieses Gebräu wird in ein großes Gefäß gefüllt, und jeder nimmt sich jeden Morgen eine Tasse davon zur Vorbeugung. Ich habe es probiert: Es hat den bitteren Geschmack von Chinin.

Ich bin keine unbedingte Anhängerin der sogenannten »sanften Medizin«, aber wir müssen uns darüber im klaren sein, daß man in den armen Gegenden Afrikas, und damit auf dem größten Teil des Kontinents, nicht so bald die Mittel haben wird, um sich modernste Medikamente zu schwindelerregenden Preisen zu leisten. Wir müssen andere Wege beschreiten und – warum auch nicht? – unter den unzähligen und sicherlich oft wirksamen traditionellen Rezepten unsere Auswahl treffen.

Afrikas Traditionen sind allerdings gefährlich, wenn sie Verletzungen mit sich bringen, wie beim rituellen Schröpfen oder bei den Beschneidungen von Jungen und Mädchen. Ich möchte versuchen, im strikt medizinischen Bereich zu bleiben, ohne über diese Bräuche ein moralisches Urteil abzugeben, aber es fällt mir sehr schwer hinzunehmen, daß die Klitorisbeschneidung, diese grausame Verstümmelung der Mädchen, bei bestimmten Völkern weiterhin praktiziert wird.

Diese Praktiken haben Infektionen schon immer Vorschub geleistet, aber heute hat die Gefahr eine weitere Dimension. Die furchtbare Bedrohung durch AIDS, deren die Afrikaner immer mehr gewahr werden, verändert allerdings die Einstellungen und nimmt der Tradition an Gewicht. Immer mehr Familien verzichten auf die Klitorisbe-

schneidung und ersetzen sie durch eine symbolische Zeremonie, und ihre Knaben lassen sie in Krankenstationen unter aseptischen Bedingungen beschneiden.
In allen Ethnien Kenias wird die Beschneidung der Jungen verlangt, außer bei den Luo und den Turkana. Meine Freundin Rosemary, die eine Kikuju ist, aber sich nicht um Traditionen schert, hatte ihre beiden Jungen nicht beschneiden lassen. Als der ältere mit dreizehn Jahren ins College kam, war er im Schlafraum mit anderen Schülern zusammen; sie merkten, daß er nicht genauso war wie sie, lehnten ihn ab und machten ihm mit allen Mitteln das Leben schwer. Damit er endlich seinen Frieden hatte, ließ Rosemary ihn schließlich im Nazareth-Krankenhaus in Limuru operieren, gleichzeitig mit ihrem jüngeren Sohn. Es hat sie hundertfünfzig Shilling gekostet, daß ihr Ältester den Vorurteilen entkommen und seinen Mitschülern wieder ohne Schwierigkeiten ins Gesicht sehen konnte.
Bei afrikanischem Brauchtum ist Vorsicht geboten. Man geht besser nicht mit unserer herrlich einfachen westlichen Logik daran.
Wohlmeinende Mitglieder einer humanitären Organisation waren vom Schicksal der armen äthiopischen Frauen gerührt, die bei der Feldarbeit ihre Kinder auf dem Rücken trugen. Die guten Seelen überredeten die Frauen eines Stammes, die Wiegen zu benutzen, die sie ihnen schenkten. Es wurde ein Desaster: Die in ihren Wiegen unter den Bäumen zurückgelassenen Babys wurden von Leoparden, Hyänen oder Affen fortgetragen, ließ man sie aber in den Hütten, so verbrannten sie hilflos, falls Feuer ausbrach. Kurz und gut, die einzig sichere Methode war jene,

welche diese Frauen instinktiv anwandten, und man hätte besser daran getan, sich nicht einzumischen.

Dagegen zeigen einfache, sparsame Lösungen durchschlagende Wirkung. In medizinisch unterversorgten Gebieten haben wir die traditionellen Hebammen, die keine Vorstellung von Aseptik in der Geburtshilfe haben, nicht ganz verbannen können; statt dessen helfen wir ihnen, ihre Arbeit weiterzuführen, indem wir ihr Ausbildungsniveau verbessern. Wir statten sie mit Streichholzschachteln aus, die statt des üblichen Inhalts ein kleines Stück Seife zum Händewaschen, eine neue Rasierklinge zum Durchtrennen und ein Stück Faden zum Abbinden der Nabelschnur enthalten. Wenn diese Ausrüstung für eine – und nur für eine einzige – Entbindung verwendet und danach sofort weggeworfen wird, können damit Tausende Fälle von Kindbettfieber und Tetanus bei Neugeborenen verhindert werden. So viele gerettete Leben zu einem so geringen Preis!

In der Trachomvorsorge haben wir mit ähnlich einfachen Mitteln hervorragende Ergebnisse erzielt. Das Trachom ist eine infektiöse Bindehautentzündung, die mit mangelnder Hygiene zusammenhängt. Es ist die Hauptursache für Blindheit in der Dritten Welt. Um zu verhindern, daß die durch Fliegen oder Schmutz übertragenen Keime die Augen infizieren, genügt es, die Augen regelmäßig auszuwaschen. Wenn der Brunnen jedoch zehn Kilometer entfernt ist, ist das Wasser zu kostbar, um es zum Waschen zu benutzen. Wir haben also die Mütter gelehrt, eine mit sauberem Wasser gefüllte Konservendose auf Vorrat zu haben. In den Boden sticht man ein kleines Loch, das man mit einem Stöpsel verschließt; entfernt man den Stöpsel, so tritt ein kleiner Strahl aus, der völlig genügt, um die Augen der Kinder auszuwaschen. Und die Frauen haben keine Bedenken, diese Methode anzuwenden, die sehr wenig Wasser verbraucht.

Und dann gibt es noch dieses kleine und simple Ding aus Latex, das man billig und sogar umsonst haben könnte: Es handelt sich natürlich um das Kondom, unsere einzige wirksame Waffe gegen die Ausbreitung von AIDS. Die Leute dazu zu bringen, daß sie es auch verwenden, ist nicht gerade unsere leichteste Aufgabe, aber es ist lebenswichtig, daß wir sie erfüllen.

Selbst in Afrika leugnen die Menschen immer noch die verheerenden Ausmaße, die AIDS inzwischen angenommen hat. Sie bezweifeln den Wahrheitsgehalt der Statistiken und deuten beiläufig an, daß die humanitären Hilfsorganisationen bloß deshalb übertriebene Zahlen anführten, um noch mehr Zuschüsse zu bekommen. Wir, die wir auf diesem Gebiet tätig sind, haben aber direkte Informationen über das Fortschreiten der Krankheit und ihre immer weitere Verbreitung.

Bereits vor fünf Jahren sollten wir in einer extrem isoliert gelegenen Gegend, im Suguta-Tal am Südende des Turkanasees, eine Untersuchung durchführen: Es handelt sich dabei um einen ausgetrockneten Teil des Sees, der durch einen Vulkanausbruch abgetrennt wurde. Man kann sich keinen unwirtlicheren und unzugänglicheren Ort vorstellen: drückende Hitze und Lavabrocken. Dennoch leben dort Menschen. Sie hatten gerade eine Epidemie hinter sich, ganze Dörfer waren menschenleer. Doktor Philip

Rees und sein Team stellten rasch fest, daß es sich um Kala-Azar handelte, eine Parasitose, welche die Milz angreift. Sie wird von einer Fliege übertragen, die in Termitenhügeln lebt. Es war keine ungewöhnliche Situation; ungewöhnlich war jedoch die Tatsache, daß unter den Männern, deren Blut wir untersucht hatten, einer HIV-positiv war. Wie hatte er sich in diesem gottverlassenen Winkel der Welt anstecken können?

Heute wissen wir alle von Fällen in unserer Umgebung und erfahren täglich von weiteren. In Subukia ist der Bruder meines Kochs Joseph gestorben; wie es Brauch ist, hat Joseph die Witwe geheiratet und sich der Kinder angenommen. Eine meiner Angestellten hat ihre Tante verloren, die innerhalb von sechs Monaten starb: Sie war Serviererin in einer Raststätte gewesen. Bei der AMREF haben wir bereits drei unserer Mitarbeiter verloren. Ein Freund von mir, ein junger Europäer, der als Safarileiter arbeitete, hatte einen Motorradunfall bei Dar es Salaam; nach einer Bluttransfusion war er binnen zwei Jahren tot. Wir alle kennen Dutzende Beispiele, und wir können nicht umhin, den Statistiken Glauben zu schenken.

Überdies haben wir ein sehr verläßliches System, um zu Zahlenangaben zu kommen, und zwar über unsere Blutspender. Die Spender werden nicht extra ausgewählt, sie gehören keiner speziellen Gruppe an, sondern stellen einen perfekten Querschnitt durch die Bevölkerung dar. Die Tests, denen wir das Blut dieser Spender systematisch unterziehen, zeigen, daß in der Stadt acht bis zehn Prozent und auf dem Land ein bis drei Prozent der Spender HIV-positiv sind. Das infizierte Blut wird natürlich vernichtet,

doch die Spender werden über ihren Zustand nicht informiert. Die meisten Länder der Welt machen es ebenso, aber ich frage mich, ob diese Methode nicht zweifelhaft ist.
Kürzlich ist in Subukia ein Mann an AIDS gestorben. Seine Frau und seine Familie werden seither gemieden. Der katholische Priester intervenierte bei seinen Schäfchen:
»Diese unglückliche Frau hat alles verloren. Sie hat kein Einkommen. Wie könnt ihr sie so fallenlassen?«
Die Gläubigen spendeten ein bißchen Geld, aber niemand besuchte sie. Die Leute haben Angst, und wir müssen zahllose Informationsveranstaltungen organisieren, um sie davon zu überzeugen, daß diese Krankheit ausschließlich durch den Kontakt mit Blut und durch sexuellen Verkehr übertragen wird. Dieselbe Furcht hält die Leute auch davon ab, Tests durchführen zu lassen: Könnten sie doch dadurch eine schlimme Wahrheit erfahren und selbst zu Ausgestoßenen werden.
AIDS zerstört die Grundfesten der afrikanischen Gesellschaft, in erster Linie die Solidarität. Von der sonst so großen Hilfsbereitschaft in Notlagen ist gerade in solchen Situationen nichts mehr zu finden. Überdies trifft die Krankheit vor allem junge, gebildete und aktive Männer, die Lebensenergie des Landes. Da die Sexualmoral ziemlich locker ist, nimmt man sich so viele Frauen wie möglich, während die legitime Ehefrau zu Hause oder auf der Farm bleibt, ob man nun Bauer, Beamter oder Geschäftsmann ist. In Nairobi gibt es eine Menge Frauen, die zwar nicht gerade Prostituierte sind, aber, um ihr Gehalt aufzu-

bessern, gern ein paar Extra-Stunden einlegen... Und niemand hält etwas von Kondomen: »Das ist, als ob man ein Bonbon mit dem Papier essen würde!«
Schon immer waren die Männer, die ohne ihre Familien unterwegs sind – Polizisten und Soldaten –, Überträger von Geschlechtskrankheiten. Man muß nicht lange nach dem Grund suchen, warum mir AIDS-Fälle an Orten begegnen, die einsam in der Wüste liegen, sich aber in der Nähe einer Garnison oder eines Grenzpostens befinden.
Die größte Gefahrenquelle in Ostafrika aber sind die Lastwagenfahrer; fünfzehn sexuelle Kontakte pro Fahrt auf der Route von Malawi nach Dar es Salaam sind keine Seltenheit. Wir geben uns große Mühe, die Männer durch ein Informations- und Bildungsprogramm zu sensibilisieren. Ziel dieses Programms ist es, den Fahrern und ihren Sexualpartnern zu helfen, ein Bewußtsein für Geschlechtskrankheiten, insbesondere AIDS, zu entwickeln und etwas dagegen zu unternehmen. Wir wollen diese Risikogruppen dazu bewegen, daß sie ihrer eigenen Sicherheit zuliebe ihr Verhalten ändern, indem wir ihnen die Ansteckungswege erklären und sie davon überzeugen, Kondome zu benutzen. Auf der vielbefahrenen Straße zwischen Mombasa und Nairobi bieten wir ihnen Bildungsprogramme, Treffpunkte und Kurse an, außerdem Plakate, Broschüren, Comics, Filme und sogar Lieder und Sketches; alles gemeinsam mit Bildungsbeauftragten, die an den wichtigsten Haltepunkten der Lkws stationiert sind. Außerdem wurden Automaten mit kostenlosen Kondomen installiert.
In Zusammenarbeit mit der KAS (»Know Aids Society«) entwickelt die AMREF ein Programm zur Bewältigung

der sozialen und wirtschaftlichen Probleme, die durch AIDS sowohl für die einzelnen Betroffenen als auch für die Familien und die Gemeinden in der Region um Nairobi entstanden sind. Es soll den AIDS-Kranken und ihrem Umfeld – nicht zu vergessen den Waisenkindern – Gesundheitserziehung, Beratung und Hilfe bieten. In Tansania wurde auf der Strecke von Dar es Salaam nach Mbeya sowie im Mwanza-Distrikt ein ähnliches Programm ins Leben gerufen. Wir können zuversichtlich sein: Die Lastwagenfahrer beginnen achtsamer zu werden, um so mehr, als sie viele ihrer Freunde haben gehen sehen. Ich habe unter ihnen schlimme Schicksale kennengelernt, wie jenen Rendille aus Korr, der seine erste Frau infizierte, die starb, und dann die zweite, welche ebenfalls erkrankte und eine Fehlgeburt erlitt.

In Subukia habe ich einen Jungen aufgenommen, das älteste von sieben Waisenkindern, deren Eltern an AIDS gestorben sind; der Vater war Lkw-Fahrer. Seine Geschwister schlagen sich so durch, der älteste ist auf die katholische Schule gegangen, dann haben wir ihm ein Stipendium für ein College in Nakuru vermittelt, an dem er eine kaufmännische Ausbildung absolviert.

Wie viele gibt es doch davon: diese elternlosen Kinder, diese Alten, die mit den Kleinen allein geblieben sind, diese verlassenen Dörfer, diese brachliegenden Felder in Uganda und Zaire? Zu viele, viel zu viele, selbst wenn man den Statistiken nicht glauben will.

Eine andere Plage Kenias, die derzeit noch tödlicher ist als AIDS, wäre leichter einzudämmen, wenn wirklich der

Wille dazu vorhanden wäre: Es sind die Verkehrsunfälle. Nur wenige Tage vergehen, ohne daß ein Kind zur Schule kommt und erzählt, daß sein Vater, ein Bruder oder ein Onkel zu Tode gekommen ist. Jede Familie zählt mindestens ein Opfer.

Die Hauptursache dieser Tragödien ist das *Matatu*, ein zumeist defekter und überladener Minibus, der als Sammeltaxi dient. Diese Fahrzeuge werden ohne Rücksicht auf ihren Zustand und mit aberwitziger Geschwindigkeit gefahren und bringen die Leute überallhin, oft genug aber leider auf den Friedhof oder ins Krankenhaus. Aus Geldgier kümmern sich die Besitzer nicht um die Belastungsgrenzen, und die Fahrer, die zugleich die Aufgabe des Schaffners übernehmen und außerdem die Leute in den Bus stopfen, werden nach Profit bezahlt und sorgen sich weder besonders um die Sicherheit noch um die Instandhaltung ihres Fahrzeugs. Um nicht schlappzumachen, nehmen sie Mirra, ein natürliches Amphetamin, das ihnen jeden Sinn für Gefahr, jeden Begriff vom Wert des Lebens und jede Vorsicht nimmt. Und dann kommt es zu fürchterlichen Unfällen: Sie rasen Schluchten hinab, kommen wegen schlecht ausgeschilderter Baustellen von der Straße ab, überholen in einer Staubwolke, wenn gerade ein Bus entgegenkommt, oder vor einer Kuppe. Die Polizei hält sich heraus: Hundert Shilling, und alles ist geregelt. In diesen Breiten muß der Gedanke an kollektive Verantwortung erst noch geboren werden.

Ursprünglich mußte man mit drei Ein-Cent-Stücken bezahlen, um in einen dieser fahrenden Särge einzusteigen; von daher rührt der Name *Matatu*, das bedeutet drei.

Heute ist es teurer, aber auch drei Cent waren zu viel, um sich alle Knochen zu brechen.
Es ist sehr schwierig, diese *Matatus* zu bremsen. Viele sind das Eigentum reicher und mächtiger Leute, die sie bestimmt nicht selbst benutzen. Sie gehören dem Stamm der *Wa Benzi* an – so nennt man in Nairobi die Reichen, die einen Mercedes Benz fahren.
Mehr als die Hälfte unserer Rettungsflüge stehen in Zusammenhang mit Verkehrsunfällen. Wir leisten keine Erste Hilfe, sondern transportieren die Verletzten in Krankenhäuser, in denen sie versorgt werden können. Die herkömmlichen Tragbahren waren für den Transport im Flugzeug kaum geeignet; dank eines Spenders aus Frankreich konnten wir zu diesem Zweck spezielle Schalen anfertigen lassen.

Am 16. Mai 1987 starb Sir Michael Wood in Nairobi an Nierenkrebs; er verschied in seinem Haus in Karen, im Süden der Stadt. Dort hatten Susan und er sich Ende der siebziger Jahre zur Ruhe gesetzt, nachdem sie gezwungen waren, ihre geliebte Farm am Kilimandscharo aufzugeben, der sie so viel Zeit und Energie gewidmet hatten. Die Regierung von Tansania hatte sie im Rahmen eines Programms zur Landneuverteilung beschlagnahmt.
Zwei Jahre zuvor hatte Mike, wie wir ihn alle nannten, die Leitung der AMREF abgegeben; er war der Ansicht, daß sie inzwischen auf solider Basis stand und ohne ihn weiterbestehen konnte. Er gründete eine neue Organisation, die FARM (Food and Agricultural Research Mission), um unter den Afrikanern für verbesserte Methoden in der

Landwirtschaft zu werben. Mit dieser neuen Initiative blieb er seiner ureigensten Überzeugung treu: Man darf sich nicht darauf beschränken, Krankheiten zu kurieren, sondern man muß die Ursachen dieser Krankheiten beseitigen, wenn sie von einer schlechten Bewirtschaftung der Plantagen und dem falschen Umgang mit natürlichen Ressourcen herrühren.
Sein langjähriger Freund, der große südafrikanische Schriftsteller Laurens van der Post, hat das in seinem Nachruf deutlich hervorgehoben:
»Michael war nicht nur Chirurg, er war jemand, der sich um die Versorgung der Menschen kümmerte, im medizinischen wie auch im sozialen Sinn. In seiner Großzügigkeit hat er Afrika und die Afrikaner so kennengelernt wie nur sehr wenige. Ihm war klar, daß das größte Bedürfnis Afrikas nicht nur darin besteht, daß seinen Kranken geholfen werden muß, sondern daß es die afrikanische Erde selbst ist, die ihr Blut verliert, die krank und unterernährt ist.«

In den letzten Jahren haben Dürreperioden und Flüchtlingsströme die Aufgabe der humanitären Hilfsorganisationen extrem erschwert – und dies gerade in dem Augenblick, da sich der Rest der Welt mit Unschuldsmiene vom afrikanischen Kontinent abzuwenden scheint. Die Kommentare dazu bedienen sich der immer gleichen Metaphern: Sisyphus, der sinnlos seinen Felsbrocken den Berg hinaufrollt, oder das durchlöcherte Faß der Danaiden, das sich nicht füllen läßt. Manche sind origineller: Die Afrikaner würden vor Hunger vor einer vollen Truhe sterben, sagen sie, deren Schlüssel verlorengegangen sei.

Mit der Truhe bin ich einverstanden: Afrika steckt voller Reichtümer der Natur, die unzureichend genutzt oder zu einem Spottpreis auf dem Weltmarkt verschleudert werden. Dazu kommen die außergewöhnlichen Fähigkeiten seiner Völker: ihre Erfindungsgabe, ihre Pfiffigkeit, ihre Leistungen als unkomplizierte Händler und ihre sozialen Netze. Was den Schlüssel betrifft, so denke ich, daß der Westen ihn sich angeeignet hat.

Ich frage mich, ob die jüdisch-christliche Zivilisation um jeden Preis eine Hölle braucht, um sich ihrer eigenen Existenz bewußt zu sein, ein Negativbild ihrer Welt, das ihr helfen soll, das Böse in ihrer eigenen Sphäre zu ertragen. Lange Zeit hindurch wurde diese Rolle von den kommunistischen Ländern gespielt, die zur allgemeinen Betretenheit das Feld geräumt haben. Ist nicht Afrika der nächste wunderbare Sündenbock?

Das Bild des »schwarzen Kontinents« wird noch schwärzer gemalt; alles habe man ihm bereits gegeben und nichts mehr von ihm zu erwarten. Eine hübsche Hölle, das Gegenstück zu unserem angeblichen Paradies. Und überdies können wir uns die Absolution dafür erteilen, daß wir schlechte Kolonialherren waren und unser Abgang nicht eben ruhmreich verlief.

Heute konzentrieren die Europäer ihre Aufmerksamkeit auf die Probleme im Osten ihres Kontinents, weil sie denken, das sei »ganz in der Nähe«. Afrika ist weit, dort bekriegen sich dauernd irgendwelche Stämme, und seine Politiker sind korrupt und unfähig. Aber ist das in Osteuropa so anders? Dort fallen aus ethnischen Beweggründen Völker übereinander her, die nicht einmal die Entschuldigung anführen können, daß sie nie ein anderes Gesellschaftsmodell gekannt hätten. Warum sollten uns die Ex-Diktatoren des ehemaligen kommunistischen Reiches näherstehen als die afrikanischen Machthaber? Und warum sollte uns der Kampf ihrer Völker um Freiheit und Gerechtigkeit mehr bewegen als die vielen afrikanischen Menschen, die im Kugelhagel sterben? Weil die einen weiß sind und die anderen nicht?

Es ist gefährlich zu glauben, Afrika sei weit entfernt. Was sind vier oder acht Flugstunden für die verzweifelten Menschenmassen, die sich an die Strände unserer Inseln des Wohlstands ergießen werden – wenn nichts dafür getan wird, daß sie in ihrer Heimat bleiben können, wie es ihr größter Wunsch ist? Die Afrikaner fühlen sich nur in Afrika daheim, und sie verlassen es nur unter starkem Druck. Oft geht es um die simple Entscheidung zwischen Leben und Tod.

Den Ländern der nördlichen Hemisphäre, denen die Einwandererströme zur Zwangsvorstellung geworden sind, macht Afrika vor allem durch sein Bevölkerungswachstum Angst. Der Bericht des Bevölkerungsfonds der Vereinten Nationen von 1992 sah voraus, daß die Weltbevölkerung von heute 5,5 Milliarden Menschen auf 8,25 Milliarden im Jahre 2025 und 10 Milliarden im Jahre 2050 ansteigen wird. Das wäre eine Verdopplung innerhalb von sechzig Jahren. Während dieser Zeit hätte sich jedoch die Bevölkerung Afrikas verdreifacht und betrüge damit ein Drittel der Weltbevölkerung. Wenn dieser Expansion nicht Einhalt geboten wird, so wird dies verheerende Auswirkungen auf die Rohstoffreserven der Erde haben, vor allem, wenn man bedenkt, daß schon heute mehr als eine Milliarde Menschen in extremer Armut leben. Fast ebenso viele sind Analphabeten, und eine noch größere Zahl hat weder Zugang zu sauberem Trinkwasser noch zu medizinischer Versorgung.

Afrika hat eine Geburtenrate von 4,3 Prozent. In Asien und Lateinamerika liegt sie bei 2,7 Prozent, in Nordamerika bei 1,4 und in Europa bei 1,3. Es ist offensichtlich, daß die Lösung nur in der Geburtenkontrolle bestehen kann, die wiederum zu einem Rückgang der Säuglingssterblichkeit führen würde. Weniger Kinder zu haben bedeutet, daß man sie besser und gesünder aufziehen kann. Das lehren wir in unseren Krankenstationen. Der Weg zu einer wirksamen Geburtenkontrolle führt über die Bildung der Frauen, doch diese leiden in drei Vierteln der Welt unter Diskriminierung. Zwei Drittel der Analphabeten auf der Erde sind Frauen. Ihre soziale Aufwertung ist die wichtigste Methode, um die demographische Katastrophe zu verhindern, welche die Menschheit bedroht.

Noch ist nichts endgültig. In der Geschichte ist niemals etwas so geschehen, wie es vorausgesagt wurde. Man erinnere sich an die nie wahr gewordenen Prophezeiungen des »Club of Rome« in den siebziger Jahren, und fünfzig Jahre lang glaubte man, daß die nukleare Apokalypse unabwendbar sei. Jahrzehntelang wartete die Sowjetunion darauf, daß amerikanische Flugzeuge sie von einem Tag auf den anderen unter einem Bombenteppich begraben würden. Die amerikanischen Flugzeuge sind auch gekommen – aber sie waren mit Lebensmitteln und Medikamenten beladen.

Allzu langfristige Voraussagen sind immer unzutreffend gewesen. Außerdem: Wäre unser Schicksal unabwendbar vorausbestimmt, so bestünde das Leben nur aus Resignation und Verzweiflung. Die Zukunft ist das, was man von heute an aufbaut, und das, was man morgen nicht zulassen will. Es ist immer Zeit zu handeln; und es ist dringend notwendig geworden, ans Werk zu gehen. Das ist es, was wir tun.

In fünfunddreißig Jahren sind unsere Mittel und Ziele beträchtlich gewachsen und größer geworden. Doch die Begeisterung der Anfangszeit ist geblieben. Wir lassen den Mut nicht sinken. Ich habe lange genug gelebt, um zu wissen, daß die Welt Modeerscheinungen unterworfen ist, die auch wieder unmodern werden. Ihre Laune wechselt, wie das afrikanische Klima, manchmal zum Guten, manchmal zum Schlechten, nach dem Belieben von Kräften, die wir kennen, die wir jedoch immer noch nicht zu meistern wissen.

Ich habe nicht geheiratet und keine Familie gegründet. Ehrlich gesagt, ich hatte keine Zeit dazu, und es lag mir wohl auch nicht. Außerdem, welcher Mann wäre mit mir gegangen? Mein Bruder und meine Schwestern haben großzügig zum Wachstum der französischen Bevölkerung beigetragen; die Ehre der Familie ist gerettet. In Wirklichkeit habe ich ja viele Kinder: all jene, denen ich zu überleben geholfen habe, und die mich in ihren Dörfern nach all den Jahren immer noch lauthals mit »Mama Daktari« begrüßen. Auf Swahili ist »Mama« die allgemeine Anrede für eine Frau, aber es bedeutet eben auch: Mama. Im

Grunde meines Herzens ist das die Bedeutung, die ich ihm gebe.
Ich habe Afrika in Freud und Leid, von seinen besten und schlechtesten Seiten kennengelernt – in letzter Zeit oft von den schlechtesten. Doch ich glaube, daß das Beste erst noch bevorsteht – und es wird kommen.